主编　　中国建设监理协会

中国建设监理与咨询

35
2020 / 4
总第35期

CHINA CONSTRUCTION
MANAGEMENT and CONSULTING

中国建筑工业出版社

图书在版编目（CIP）数据

中国建设监理与咨询.35 / 中国建设监理协会主编. —北京：中国建筑工业出版社，2020.9
ISBN 978-7-112-25486-6

Ⅰ.①中⋯　Ⅱ.①中⋯　Ⅲ.①建筑工程—监理工作—研究—中国　Ⅳ.①TU712.2

中国版本图书馆CIP数据核字（2020）第184890号

责任编辑：费海玲　王晓迪
责任校对：王　烨

中国建设监理与咨询 35

主编　中国建设监理协会

*

中国建筑工业出版社出版、发行（北京海淀三里河路9号）
各地新华书店、建筑书店经销
北京雅盈中佳图文设计公司制版
天津图文方嘉印刷有限公司印刷

*

开本：880毫米×1230毫米　1/16　印张：7$\frac{1}{2}$　字数：300千字
2020年10月第一版　2020年10月第一次印刷
定价：**35.00元**
ISBN 978-7-112-25486-6
（36469）

版权所有　翻印必究
如有印装质量问题，可寄本社退换
（邮政编码100037）

编委会

主任：王早生

执行副主任：王学军

副主任：修 璐　王莉慧　温 健　刘伊生
　　　　李明安　唐桂莲　吴 江　王 月

委员（按姓氏笔画排序）：

丁先喜　马 明　王 月　王 莉　王 斌
王庆国　王怀栋　王晓觅　王章虎　方永亮
方向辉　邓 涛　邓念元　甘耀域　叶华阳
叶锦锋　申长均　田 毅　田哲远　冉 鹏
朱保山　任文正　华勤春　乔开元　刘 勇
刘 涛　刘基建　汤 斌　孙 成　孙 璐
孙晓博　孙惠民　杜鹏宇　李 伟　李建军
李富江　杨 丽　杨卫东　杨黎佳　肖 波
肖学红　吴 江　吴 涛　吴 浩　辛 颖
汪 成　汪 洋　汪成庆　张一飞　张存钦
张国明　张铁明　张葆华　陈 磊　范中东
周红波　赵秋华　胡明健　饶 舜　姜建伟
姜艳秋　费海玲　袁文宏　贾铁军　晏海军
徐 斌　郭公义　黄劲松　龚花强　龚黎明
梁士毅　屠名瑚　彭国良　程辉汉　鲁 静
詹圣泽　穆彩霞

执行委员：王 月　孙 璐　刘基建

编辑部

地址：北京海淀区西四环北路 158 号
　　　慧科大厦东区 10B

邮编：100142

电话：（010）68346832

传真：（010）68346832

E-mail：zgjsjlxh@163.com

中国建设监理与咨询

目录 CONTENTS

■ 行业动态

"建筑法修订涉及监理责权利研究"课题专题座谈会在杭州召开　6
中国建设监理协会"建筑法修订涉及监理责权利研究"课题验收会顺利召开　6
中国建设监理协会"市政工程监理资料管理标准"课题开题会暨第一次工作会议顺利召开　7
《抽水蓄能电站施工监理规范》正式发布　7
中国建设监理协会"城市道路工程监理工作标准"开题会暨第一次工作会议在郑州召开　8
河南省建设监理协会第四届会员代表大会在郑州召开　9
云南省工程建设地方标准《云南省建设工程监理规程》自2020年10月1日实施　9
天津市建设监理协会召开第四届五次会员代表大会暨理事会　10
山西省建设监理协会获省社会组织综合党委两项殊荣　10
广西建设监理协会党支部开展"助力扶贫攻坚，献礼七一建党"主题党日活动　11
湖北省建设监理协会召开第六届三次会员代表大会暨六届四次理事会议　11
中国建设监理协会化工监理分会2020年研讨交流会在浙江衢州顺利召开　12
贵州省建设监理协会四届六次理事会暨四届九次常务理事会在贵阳召开　12

■ 政策法规消息

2019年建设工程监理统计公报　13

■ 本期焦点：监理企业信息化管理和智慧化服务现场经验交流会在西安顺利召开

卫明副司长在监理企业信息化管理和智慧化服务现场经验交流会上的讲话　15
补信息化短板　强企业管理基础　以高水平咨询引领高质量发展 / 中国建设监理协会会长　王早生　16
把准行业脉搏　理清发展思路　以信息化建设赋能监理行业新突破
　　——王学军副会长兼秘书长在工程监理企业信息化管理和智慧化服务现场经验交流会上的总结发言　18
为企业插上腾飞的翅膀　永明项目管理公司智能化管控创新与实践　21
赛迪工程咨询在信息化、数字化、智能化时代的ABCD应用实践　24
智慧信息化管理在监理项目中的应用与实践　27
上海天文馆项目全生命周期BIM应用与管理　30

■ 监理论坛

两全一站融合共进的全过程工程咨询——西安幸福林带项目全过程工程咨询试点实践　33

浅谈高压注浆及强力锚索加固技术在胡底煤矿巷道支护中的应用 / 王飞　37

某工程总承包（EPC）项目现场签证审核管理与反思 / 乔亚男　白皓　39

浅谈耐磨地坪（钢纤维混凝土）质量控制要点 / 冯长青　42

建筑机电设备系统施工安装管理问题及新思路 / 李儒　45

4.8m 层高跃层（loft）及商业结构模板安装质量过程控制监理工作浅谈 / 段红卫　46

房屋建筑屋面防水工程施工质量控制 / 赵培真　48

■ 项目管理与咨询

全面推进工程建设全过程工程咨询服务 / 陈吉旺　50

践行"一带一路"弘扬中国文化——援牙买加孔子学院教学楼全过程工程咨询实践　53

水电监理企业转型升级业务实践和思考　57

关于全过程工程咨询取费的探讨 / 刘建叶　刘丽军　尹慧灵　李光跃　张玮琦　62

■ 企业文化

夯实发展基础　志在厚积薄发　监理企业战略转型发展的探索与实践　67

将项目部文化建设作为企业文化建设的突破口——关于民营监理企业文化建设的探索 / 陈炼　兰勇　张驰　70

■ 创新与研究

工程监理企业开展全过程工程咨询服务的探索与实践 / 邓祥彬　阴发盛　许航健　75

新时代工程监理企业创新发展探索与实践 / 李照星　82

利用无人机和 BIM 技术在监理服务赋能增效上的实践探索 / 陆远逸　龚尚志　84

积极践行国家"走出去"战略　服务好"一带一路"建设项目 / 张国明　87

■ 百家争鸣

对监理企业开展全过程咨询服务的一点思考 / 陈立　91

从项目代建的经验出发探讨全过程咨询服务的难点 / 冯欣茵　93

运用《民法典》及相关法律条文探讨总监个人责任承担问题 / 樊江　高华　张志材　王瑞龙　96

浅谈项目融资（编）/ 李军　98

"建筑法修订涉及监理责权利研究"课题专题座谈会在杭州召开

2020年6月6日,中国建设监理协会在杭州组织召开"建筑法修订涉及监理责权利研究"课题专题座谈会。中国建设监理协会会长王早生、中国建设监理协会专家委员会常务副主任刘伊生教授、中国建设监理协会副秘书长温健、课题组组长北京市建设监理协会会长李伟出席会议。部分行业专家参加座谈会。

中国建设监理协会会长王早生在讲话中强调,一是建筑法修订站位要高,结合监理行业发展实际,提出有建设性、引领性的建议。二是要按照住房和城乡建设部关于建筑法修订的要求,认真完成这项任务。

中国建设监理协会专家委员会常务副主任刘伊生教授指出,务必要高度重视建筑法中涉及监理内容的修订。时间短、任务重,按照修订工作要求,进一步完善监理制度论证、具体条款论证、条文修订说明等研究。

会上,各位行业专家对具体条款的修订内容进行了热烈地研讨,并形成修订稿。

中国建设监理协会副秘书长温健主持会议并作会议总结。重申在"放、管、服"改革下,监理改革和建筑法中涉及监理内容修订的重要性,并对下一步工作进行安排。

中国建设监理协会监理改革办公室
2020年6月8日

中国建设监理协会"建筑法修订涉及监理责权利研究"课题验收会顺利召开

2020年7月6日,中国建设监理协会"建筑法修订涉及监理责权利研究"课题验收会在北京召开。住房和城乡建设部建筑市场监管司副司长卫明、建筑市场监管司建设咨询监理处处长贾朝杰,中国建设监理协会会长王早生,副会长兼秘书长王学军,专家委员会常务副主任修璐、刘伊生出席会议,课题组及验收组11位专家参加会议。会议由中国建设监理协会副秘书长温健主持。

北京市建设监理协会会长、课题组组长李伟,北京兴电国际工程管理有限公司总经理、课题组成员张铁明等分别代表课题组对课题研究过程和修订建议、工程监理制度论证、安全生产管理的监理职责专题研究进行了汇报。

与会领导和专家认真审阅了课题相关资料,依次对研究报告和成果提出了修改建议和评审意见,认为该课题研究通过大量研究、分析论证,从法律法规、现场监理工作等方面,梳理监理行业发展现状和存在问题,并针对问题提出了解决方案,形成课题研究报告和建筑法涉及监理条款的修订建议稿,经验收组专家集体审议,一致同意课题通过验收。

住房和城乡建设部建筑市场监管司卫明副司长指出,针对监理行业目前存在的问题,建议从监理的交易方式、施工安全和工程安全的责任划分、监理改革等方面深入研究。

中国建设监理协会会长王早生表示,课题组按照卫明副司长的指示,对课题研究成果进行修改。同时强调,在修订建筑法涉及监理的内容时要提高站位,不仅要"跳出监理看监理",还要"跳出监理看建筑业"。

中国建设监理协会副会长兼秘书长王学军对课题组认真的研究态度和研究成果给予了高度评价,认为基本完成了行政管理部门交办的修法任务,充分肯定了课题组的研究方法,研究成果具有较强的实用性、创新性。同时,建议在课题成果中按照专家提出的建议修改完善,并对课题组各位专家的辛勤付出表示感谢!

中国建设监理协会"市政工程监理资料管理标准"课题开题会暨第一次工作会议顺利召开

6月10日，中国建设监理协会团体标准"市政工程监理资料管理标准"课题开题会暨课题组第一次工作会议在宁波顺利召开。中国建设监理协会秘书长王学军，中国建设监理协会专家委员会常务副主任修璐，中国建设监理协会副会长、陕西省建设监理协会会长商科，贵州省建设监理协会会长杨国华，海南省建设监理协会会长马俊发，上海市建设工程咨询行业协会顾问会长孙占国，课题组全体人员以及其他相关专家共20人参加了会议。

会上，宁波市斯正项目管理咨询有限公司总工程师周坚梁介绍了课题研究的相关前期准备工作、课题研究的总体思路和"市政工程监理资料管理标准"的总体框架。课题组讨论了课题研究大纲，确定了课题研究的总体思路和方向，讨论并确定了"市政工程监理资料管理标准"的基本框架，对部分条款进行了深入细致地讨论、分析和完善，圆满完成了会议各项任务，达到了会议的预期目的。

中国建设监理协会专家委员会常务副主任修璐对课题研究的总体方向、研究方法、研究重点、研究目标等作了全面的分析和梳理，对课题研究和课题组今后的工作具有重要的指导意义。

会上，王学军秘书长作了重要讲话。王学军秘书长从当前国际总体形势分析入手，分析和阐述了国内社会经济发展的总体趋势和行业面临的机遇和挑战。当前，住房和城乡建设部正在探索推进政府购买监理巡查服务的试点，充分说明监理对强化工程质量和安全管理的重要性和不可替代性。作为监理行业，如何提升自身素质、顺势而为，抓住机遇，更好更快地发展自己，是当前摆在全行业面前的一项重要课题，需要大家共同努力。近几年，中国建设监理协会从完善监理工作标准体系入手，目的就是希望为行业提供较为完善的工作依据，提升监理工作质量和服务能力，为提高工程质量水平和安全管理能力，提供有力的支撑。

（浙江省全过程工程咨询与监理管理协会、宁波市建设监理与招投标咨询行业协会　供稿）

《抽水蓄能电站施工监理规范》正式发布

日前，《抽水蓄能电站施工监理规范》T/CEC 5029—2020 在中国电力企业联合会2020年第1号公告发布，将于2020年10月1日正式实施。

目前，抽水蓄能电站施工监理执行的行业标准为《水电水利工程施工监理规范》DL/T 5111—2012。该标准发布已近十年，期间中国建设管理的法规、政策和行政管理规定均有较大变化，增加了危险性较大分部分项工程施工、安全文明施工措施费管理等方面的规定，该标准难以满足抽水蓄能电站施工监理工作的实际要求。

抽水蓄能电站工程与常规水电水利工程有共同之处，也有明显的差异。从电站的枢纽布置来看，抽水蓄能电站有上、下两个水库，水流在上下两个水库间往返流动。部分抽水蓄能电站的上水库或下水库是完全人造的"人工库盆"。抽水蓄能电站发电水头也较高，一般在300~500m之间，甚至更高。抽水蓄能电站机组是可逆式机组，既是发电机，又是电动机，其转轮即可带动转子发电，又可被转子带动抽水，制作安装均比常规水电站机组复杂。

《抽水蓄能电站施工监理规范》是在总结多年抽水蓄能电站施工监理经验的基础上，根据现行国家和行业关于工程建设的法规、政策、具体的管理规定，结合抽水蓄能电站工程建设特点编制而成，突出了抽水蓄能电站建设的技术特点和监理工作的重点。

本规范的发布填补了中国抽水蓄能电站建设管理的空白，对规范抽水蓄能电站施工监理工作具有很强的针对性和指导意义。

（国网新源控股有限公司、中国水力发电工程学会水电监理专委会　供稿）

中国建设监理协会"城市道路工程监理工作标准"开题会暨第一次工作会议在郑州召开

2020年4月23日,"城市道路工程监理工作标准"课题开题会暨第一次工作会议在郑州顺利召开。中国建设监理协会会长王早生、河南省建设监理协会会长陈海勤出席会议并讲话。河南省建设监理协会常务副会长兼秘书长孙惠民主持会议,副会长耿春致欢迎辞。因疫情防控要求,省内课题组全体成员在主会场参会,中国建设监理协会副会长李明安、云南省建设监理协会会长杨丽、吉林省建设监理协会秘书长安玉华、广东重工建设监理有限公司总工程师刘琰通过视频连线的方式,在线参与了会议的交流。

"城市道路工程监理工作标准"是中国建设监理协会2020年推进监理服务标准化建设工作而开展的五个重要课题之一,旨在加快推进城市道路工程监理工作的标准化进程,完善并丰富建设工程监理标准体系中专业工程的标准供给。受中国建设监理协会委托,由河南省建设监理协会负责牵头组织该课题研究工作。为顺利推进课题研究工作,在中国建设监理协会的指导下,河南省建设监理协会组建了由7名中国建设监理协会专家委员领衔的课题组。

王早生会长指出,标准编制及课题研究工作对行业发展具有十分重要的意义。一是现实工作的需要。社会对监理提出了方方面面的要求,现实工作千差万别,要改变各种差异,就需要标准化、规范化。二是未来发展的需要。标准是行业发展的最基本的要求,在行业发展基本面上需要标准,企业、行业也需要标准来约束和规范。三是提升地位的需要。设计、施工的水平和地位都在不断提高,监理更是要不断进步。监理一方面要联结设计,另一方面要监管施工,如果监理能力不足,水平不够,就无法做好工作,提升地位。

王早生会长强调,做好标准编制和课题研究工作要站在全国的角度,掌握好"度",充分考虑标准的适用性。"城市道路工程监理工作标准"是面向全国、全行业的,由于各地发展阶段不同,发展水平有差异,标准编制要找好结合点,把准平衡点。课题组专家要集思广益,广泛听取意见,做好调查研究,实事求是,换位思考,周全考虑。同时,课题组要在有限的时间里,做好进度计划,发挥集体智慧,尽早完成送审工作。最后,王早生会长对河南省建设监理协会和各位专家为行业发展作出的奉献表示了感谢。

陈海勤会长要求,课题组要做好课题研究的顶层设计,明确研究方向和研究范围,合理界定研究的深度和广度,按照编制进度计划定期开展研讨会、交流会,开展针对性的调研考察活动,关注和吸纳国内外最新的标准与技术,编制对监理行业发展具有科学性、前瞻性和引导性的标准指南。

开题会为课题组开展下一步工作打下了良好的基础。会议明确了课题研究工作大纲、进度计划和任务分工,课题组专家对课题研究的思路、深度、广度、范围和重点进行了充分的探讨和交流,提出了意见和建议,确定了课题组工作原则、工作机制和任务分解。

课题组将按照进度计划完成各节点工作任务,适时开展调研工作,确保在规定时间内,高质量地完成课题研究任务。

(河南省建设监理协会 供稿)

河南省建设监理协会第四届会员代表大会在郑州召开

2020年7月22日,河南省建设监理协会第四届会员代表大会在郑州召开,会议选举产生了新一届理事会和监事会。中国建设监理协会会长王早生出席会议并讲话。会员代表等140余人参加了会议。

会议以举手表决形式审议并通过了会员代表资格审查报告、换届筹备工作报告、第三届理事会工作报告、财务报告、换届选举办法、第四届理事会、监事会候选人名单产生情况说明,以及换届选举总监票人、监票人、计票人产生情况说明。

大会以无记名投票方式选举产生了协会第四届理事会理事、监事、常务理事、负责人和监事长。孙惠民当选会长,耿春当选秘书长,张勤当选监事长。会议以无记名投票方式审议通过了协会《章程》修改草案、会费管理办法、协会更名议案等。

中国建设监理协会会长王早生代表中国建设监理协会对大会的成功召开表示祝贺。王早生会长充分肯定了河南省建设监理协会取得的各方面成绩。深刻分析了当前建设监理行业面临的形势和挑战,并结合行业发展新形势提出四点建议。一是补短板,行业要以开放的胸怀和包容的姿态跳出监理看监理,建设监理行业要发展全过程咨询,在业务模块、组织结构、人才培养、人员配备上跟上形势发展变化,适应全过程发展需要。二是扩规模,向兄弟行业学习,把企业做大,把行业做大。三是强基础,在建设行业监理还是新行业,在企业的运行、市场运作、技术标准等方面的基础还不够扎实,需要进一步强化基础。四是树正气,监理担负着监督管理的社会责任,一方面业务要加强,另一方面要有原则性,树立监理行业良好形象,取信于政府和甲方。通过"补短板、扩规模、强基础、树正气"推动监理企业转型升级,为推进建设监理行业持续健康发展作出新贡献。

孙惠民会长在讲话中对第三届理事会的各项工作给予了充分肯定。就做好协会第四届理事会工作,孙惠民指出,一要认清发展形势,切实增强做好协会工作的责任感,不断提高协会管理水平和工作能力、努力提升行业服务品质,为行业改革发展搭建更好更高的平台;二要不断拓展协会功能,全面提升行业服务水平,使协会真正成为政府发展经济、联系企业、管理市场秩序的有力助手;三要持续强化自身建设,努力提升协会履职服务能力。在全体会员的共同努力下,振奋精神、鼓足干劲,围绕行业发展实际,认真履行行业协会职能,为推动河南省建设监理行业持续健康发展作出更大贡献!

会议召开前,中国建设监理协会及陕西、贵州、武汉等兄弟省市协会发来贺信,预祝大会成功召开。

(河南省建设监理协会 供稿)

云南省工程建设地方标准《云南省建设工程监理规程》自2020年10月1日实施

2020年6月2日,《云南省住房和城乡建设厅关于发布云南省建设工程监理规程的通知》(云建科〔2020〕82号)发布。通知明确《云南省建设工程监理规程》已经省住房城乡建设厅审查通过,批准为云南省工程建设地方标准,编号为DBJ 53/T—105—2020,自2020年10月1日起实施。

(云南省建设监理协会 供稿)

天津市建设监理协会召开第四届五次会员代表大会暨理事会

2020年7月3日，因受疫情影响，天津市建设监理协会以通信方式召开了第四届五次会员代表大会暨理事会。协会单位会员、个人会员代表、个人理事共160人参加了会议，会议材料以邮寄方式送达。

2019年度，协会围绕"建行业秩序、强行业诚信、重协会服务、促企业发展"的工作目标，紧密结合新时期行业转型升级和创新发展的要求，在引领行业、服务企业、沟通政府、培养人才、加强自律、树立标杆、搭建平台、交流合作等8个方面开展了各项工作，明确了2020年度扎实推进协会党组织建设，增强行业向心力；加强协会自身建设，引领行业健康发展；发挥协会桥梁纽带作用，健全政企沟通交流机制；创新发展团体标准，助力提升服务质量；加强行业交流，倡导合作共赢；明确业务培训思路，完善人才培养体系；试行中国建设监理协会行业标准，引导行业健康发展的工作目标。

单位会员、个人会员代表及个人理事以信函形式表决意见。会议表决并通过了"天津市建设监理协会2019年工作总结暨理事长述职报告""天津市建设监理协会2020年工作要点的报告""天津市建设监理协会2019年度财务决算与2020年度财务预算报告""关于调整天津市建设监理协会第四届理事会理事的议案""关于补选天津市建设监理协会第四届会员代表大会监事的议案"和"关于修订民主选举制度、会员代表大会制度、监事会制度和理事会制度等二十二项制度的议案"等事项，形成了"天津市建设监理协会第四届五次会员代表大会决议"。

（天津市建设监理协会段琳　供稿）

山西省建设监理协会获省社会组织综合党委两项殊荣

2020年6月29日，山西省社会组织综合党委召开庆"七一"表彰大会。省民政厅党组成员、副厅长，省社会组织党委书记宋海兵同志出席大会并作讲话。省民政厅机关党委专职副书记王守英，省社会组织管理局局长王俊玲、副局长薛建平等出席并颁奖。省监理协会副会长兼秘书长陈敏、副会长孟慧业参加表彰大会。

大会对15个先进党支部、21名优秀党务工作者、23名优秀共产党员、16个2019年参与脱贫攻坚贡献奖的单位、11个参与脱贫攻坚组织奖的单位、21个新冠肺炎防控工作先进单位、21名防控工作先进个人进行了表彰。山西省建设监理协会被授予"参与脱贫攻坚贡献奖"和"2020年新冠肺炎防控工作先进单位"两项殊荣。孟慧业副会长代表协会上台领奖。

先进基层组织代表表示，要在上级党委的坚强领导下，当好保证政治方向的带头人、爱党兴党护党的带头人、团结凝聚群众的带头人、推动事业发展的带头人、服务人才发展的带头人，在有序参与社会治理、提供公共服务、承担社会责任、促进国家治理体系和治理能力现代化中充分发挥作用。

（山西省建设监理协会　供稿）

广西建设监理协会党支部开展"助力扶贫攻坚，献礼七一建党"主题党日活动

为深入学习贯彻习近平总书记在决战决胜脱贫攻坚座谈会上的重要讲话精神，全面贯彻落实中央和自治区打赢脱贫攻坚战的重要战略部署。2020年6月30日—7月1日，广西民政厅社会组织管理局党支部、广西建设监理协会党支部组织党员赴广西百色市西林县开展"一帮一联"结对帮扶入户走访活动。

活动中，党员们首先来到西林县八达镇那卡社区综合服务中心，向村干部和第一书记询问了解结对帮扶村屯脱贫攻坚工作开展情况和面临的困难、问题，以及下一步加强结对帮扶的措施、建议；随后深入结对帮贫困户家中，逐一向他们了解生产生活、身体状况、子女读书就业等情况，为他们脱贫致富提建议、找办法，并送上慰问品。

入户走访结束后，结对帮扶工作组一行又来到广西建设监理协会2020年认领的决战脱贫攻坚扶贫项目——西林县八达镇那卡村黄扭屯、八门屯道路硬化项目进行实地查看。为解决那卡村黄扭屯、八门屯村民回家难、搬运物资雨天路滑很容易导致意外情况发生等问题，协会认捐3万元资金帮助该项目进行道路硬化，以实际行动帮扶济困，发挥社会组织在脱贫攻坚中的积极作用。

（广西建设监理协会黄华宇　供稿）

湖北省建设监理协会召开第六届三次会员代表大会暨六届四次理事会议

湖北省建设监理协会以网络通信形式召开第六届三次会员代表大会暨六届四次理事会议。

会议总结了2019年度协会工作。协会坚持把服务于会员、服务于行业、规范行业行为作为工作的出发点和落脚点，在推进行业自律管理、加强行业诚信建设、反映行业呼声意见、优化行业发展环境等方面成效显著，全省建设监理行业向高质量发展迈出了坚实步伐。

会议表决通过了"刘治栋会长协会工作报告""2019年度协会财务工作报告""2020年度协会精准扶贫捐赠款5万~10万预案的报告""中国建设监理协会驰援湖北抗击疫情捐赠物资分配方案的报告""关于协会会费标准减挡与2020年度会费减半的报告""关于专家委活动经费与网站建设预算的报告""湖北省工程监理企业信用评价试行办法、湖北省建设监理协会团体标准管理试行办法""关于会员单位企业标准转化为推荐性行业团体标准的报告""湖北省建设监理行业职业行为守则"等10项表决项。

本次网络通信会议在最艰难时期召开，既精简会议流程，节省了会务开支，又圆满完成了既定议程，受到行业主管部门和广大会员单位的充分肯定。

（湖北省建设监理协会　供稿）

中国建设监理协会化工监理分会2020年研讨交流会在浙江衢州顺利召开

2020年8月13日,由中国建设监理协会化工监理分会主办、浙江南方工程建设监理有限公司协办的中国建设监理协会化工监理分会2020年研讨交流会在浙江衢州顺利召开。化工监理分会协会领导和第三届常务理事会成员单位及相关企业负责人40余名代表参加会议,化工监理分会副会长兼秘书长王红主持会议,中国化工施工企业协会理事长余津勃出席会议并致辞。

副秘书长兼培训中心主任高佑良对关于调整化工监理分会常务理事单位的情况进行了说明,并对工作认真、表现优异的理事单位颁发荣誉证书。副会长兼秘书长王红作了"化工监理分会2020年上半年工作总结及下半年工作安排"协会工作报告。会议汇报了关于《化工工程监理规程(修改稿)》的情况、关于拟设置"化工监理大师"的情况。

大家对同行压价、低价中标等现象纷纷提出要行业自律,指出一是低价中标政府层面、法律层面解决不了;二是业主的期望是价低;三是同行间竞争的必然趋势;四是希望大家要有大局意识,充分运用协会提供的平台,使用协调机制;五是希望同行之间要互相沟通、互相信任。

潘会长要求:一是各单位要认真贯彻会议精神,加深领会,积极献计献策,对"规程"和"大师"两个文件的建议书面反馈给分会秘书处。二是分会秘书处要对这次会议进行再总结,充分听取各单位的意见和建议,做好组织服务工作。

贵州省建设监理协会四届六次理事会暨四届九次常务理事会在贵阳召开

2020年7月29日下午,贵州省建设监理协会四届六次理事会暨九次常务理事会在贵阳市云岩区贵州饭店遵义厅召开。协会理事66人(其中常务理事33人)参加会议,协会监事会全体监事列席会议。

会议学习了贵州省发展改革委、住房和城乡建设厅联合印发的《关于加快推进我省全过程工程咨询服务发展的实施意见》。

会议表决通过"2019年工作总结"及"2020年工作计划""贵州省建设监理协会2019年财务报告";听取了汤斌秘书长关于抗击新冠肺炎疫情工作的专题报告。确认了2020年减半收取会员单位会费的决定、决定组建协会全过程工程咨询委员会。

杨国华会长指出,中国已经进入信息化和智能化技术的发展阶段,监理企业要改革创新发展,"改革"就是监理行业要向全过程咨询服务模式转型,"创新"就是要借助信息化和智能化手段,实现施工现场生产要素的可视化、数据的精准度量、自动辅助预警等,提升监理企业服务能力和水平,提升企业核心竞争力,才能适应全过程咨询服务模式的需求。一是要重视对信息化应用监理人才的培养,逐步提高监理人员的信息化应用能力;二是企业要加大对信息化装备的投入,改变传统管理监理工作模式,顺应社会发展,开创施工现场质量安全监控新模式。企业的信息化管理应明确目标,要考虑自身需求,立足实际,急用先上,持续推进。

(贵州省建设监理协会秘书处 供稿)

2019年建设工程监理统计公报

根据建设工程监理统计调查制度相关规定，我们对2019年全国具有资质的建设工程监理企业基本数据进行了统计，现公布如下：

一、企业的分布情况

2019年全国共有8469个建设工程监理企业参加了统计，与上年相比增长0.91%。其中，综合资质企业210个，增长9.95%；甲级资质企业3760个，增长2.26%；乙级资质企业3564个，增长1.77%；丙级资质企业933个，减少7.9%；事务所资质企业2个，减少80%。具体分布见表1～表3。

二、从业人员情况

2019年年末工程监理企业从业人员1295721人，与上年相比增长10.81%。其中，正式聘用人员875566人，占年末从业人员总数的67.57%；临时聘用人员420155人，占年末从业人员总数的32.43%；工程监理从业人员为802481人，占年末从业总数的61.93%。

2019年年末工程监理企业专业技术人员969723人，与上年相比增长2.86%。其中，高级职称人员153065人，中级职称人员414660人，初级职称人员227326人，其他人员174672人。专业技术人员占年末从业人员总数的74.84%。

2019年年末工程监理企业注册执业人员为336959人，与上年相比增长8.46%。其中，注册监理工程师为173317人，与上年相比减少2.73%，占总注册人数的51.44%；其他注册执业人员为163642人，占总注册人数的48.56%。

三、业务承揽情况

2019年工程监理企业承揽合同额8500.94亿元，与上年相比增长44.02%。其中工程监理合同额1987.47亿元，与上年相比增长3.67%；工程勘察设计、工程招标代理、工程造价咨询、工程项目管理与咨询服务、工程施工及其他业务合同额6513.47亿元，与上年相比增长63.43%。工程监理合同额占总业务量的23.38%。

四、财务收入情况

2019年工程监理企业全年营业收入5994.48亿元，与上年相比增长38.94%。其中工程监理收入1486.13亿元，与上年相比增长12.26%；工程勘察设计、工程招标代理、工程造价咨询、工程项目管理与咨询服务、工程施工及其他业务收入4508.35亿元，与上年相比增长50.75%。工程监理收入占总营业收入的24.79%。其中30个企业工程监理收入突破3亿元，72个企业工程监理收入超过2亿元，251个企业工程监理收入超过1亿元，工程监理收入过亿元的企业个数与上年相比增长16.74%。

全国建设工程监理企业按地区分布情况　　表1

地区名称	北京	天津	河北	山西	内蒙古	辽宁	吉林	黑龙江
企业个数	320	119	294	215	140	277	191	188
地区名称	上海	江苏	浙江	安徽	福建	江西	山东	河南
企业个数	220	741	542	416	488	181	565	343
地区名称	湖北	湖南	广东	广西	海南	重庆	四川	贵州
企业个数	278	266	534	222	66	130	466	175
地区名称	云南	西藏	陕西	甘肃	青海	宁夏	新疆	
企业个数	170	47	386	201	77	67	144	

*本统计涉及专业资质工程类别的统计数据，均按主营业务划分。

全国建设工程监理企业按工商登记类型分布情况　　表2

工商登记类型	国有企业	集体企业	股份合作	有限责任	股份有限	私营企业	其他类型
企业个数	654	47	41	3397	621	3537	172

全国建设工程监理企业按专业工程类别分布情况　　表3

资质类别	综合资质	房屋建筑工程	冶炼工程	矿山工程	化工石油工程	水利水电工程
企业个数	210	6572	24	43	138	105
资质类别	电力工程	农林工程	铁路工程	公路工程	港口与航道工程	航天航空工程
企业个数	390	17	53	63	8	8
资质类别	通信工程	市政公用工程	机电安装工程	事务所资质		
企业个数	49	783	4	2		

本期焦点

监理企业信息化管理和智慧化服务现场经验交流会在西安顺利召开

为进一步贯彻落实《国务院办公厅关于促进建筑业持续健康发展的意见》（国办发〔2017〕19号）和《国家发展改革委 住房城乡建设部关于推进全过程工程咨询服务发展的指导意见》（发改投资规〔2019〕515号）有关要求，提升监理企业信息化水平，推动工程监理行业健康发展，促进建筑业高质量发展，2020年7月21日，由中国建设监理协会主办、陕西省建设监理协会协办的"监理企业信息化管理和智慧化服务现场经验交流会"在西安召开。来自全国200余名会员代表参加会议，住房和城乡建设部建筑市场监管司副司长卫明、陕西省住房和城乡建设厅副厅长茹广生、中国建设监理协会会长王早生出席会议并讲话。会议分别由中国建设监理协会副会长兼秘书长王学军和副秘书长王月主持。

会上，永明项目管理有限公司介绍了企业运用"筑术云"软件和监理智慧化管理平台，实现企业信息化管理和智能化管控的经验。重庆赛迪工程咨询有限公司介绍了在项目中应用人工智能、BIM（建筑信息模型）、云计算、数据科技等新技术的做法和经验。建基工程咨询公司引入IPD（集成产品开发）思维理念，利用信息化手段进行管理，大大提高了对项目的远程管理水平。上海市建设工程监理咨询有限公司以上海天文馆项目为例，介绍了全生命周期实施BIM应用与管理为项目带来的增值效益。山西协诚建设工程项目管理有限公司介绍了运用BIM和智慧工地等信息化手段在项目管理中取得的成效。浙江江南工程管理股份有限公司介绍了应用数字化运营管理和智慧工程咨询业务模块进行信息化管控的做法。广东创成建设监理咨询有限公司通过前端智慧化设备、后台智慧化系统及移动端巡检技术，实现项目管理全要素智能监督，保障施工安全。江苏建科工程咨询有限公司介绍了公司研发的信息化管理平台的应用成效。陕西中建西北工程监理有限责任公司介绍了使用"总监宝"软件，以及采用积分形式鼓励监理人员运用信息化管理软件，进而提高工作效率的经验。北京建科研软件技术有限公司介绍了自主研发的"建筑行业专用智能眼镜"，对工程项目建设开启"远程智慧监管"。

中国建设监理协会副会长兼秘书长王学军作总结发言。他强调，监理企业的信息化建设要明确目标、立足实际、持续推进；要紧跟政策导向，实现稳中有为，打造企业核心竞争力；号召监理行业团结一致，共同前进，为监理行业和建筑业的高质量发展作出监理人应有的贡献！

卫明副司长在监理企业信息化管理和智慧化服务现场经验交流会上的讲话

（本刊讯）由中国建设监理协会在西安组织召开的监理企业信息化管理和智慧化服务现场经验交流会，住建部建筑市场监管司卫明副司长参加了会议，并作了讲话。重点讲了三个方面的内容。一是在线工程监理的发展趋势。建筑市场监管的信息公开是建筑业发展的重要途径，推动建筑市场信息化建设取得成效的标志是2012年启动的"全国建筑市场监管公共服务平台"（亦称"四库一平台"），近三年来点击率已经超过7亿次，目前有加速上升趋势。"受新冠疫情的影响，我们开发了在线办公系统，就是全国所有建筑市场的管理人员都可以在线办公。同时，因为现在资质审批和业绩核查压力较大，我们又借助了遥感卫星进行业绩核查，做到足不出户完成业绩核查工作。为适应区块链的技术，加大了手机应用的开发，估计近期即将上线。这一系列动作是加大建筑信息化的步伐，通过从'四库一平台'起步，应用较多的是项目招投标资格审查、业绩核查。下一步，我们要将信息化与建筑业健康发展结合起来，建筑业已经从高速发展时期向质量效益发展转变，可能从增量发展到存量博弈，市场监管将更加要求透明，中国建造能力将更加突出。为此，我们可能重点发展在线工程，从项目启动、建设、营运就实行项目信息同步到线上去。"还有一项重要的内容是智能建造。据本刊记者了解到，住房和城乡建设部等十三个部门近日已联合印发《关于推动智能建造与建筑工业化协同发展的指导意见》，该意见提出"中国建造"核心竞争力世界领先，建筑工业化全面实现，迈入智能建造世界强国行列。在当前的形势下，更需要发挥建筑市场主体的作用，特别是监理"三控两管一协调"中的管理就包括信息化管理，将来监理可能会在信息化管理担当大任，把现场和市场通过监理这项工作，将在线项目推动起来。二是监理的能力建设。卫明副司长指出监理的能力建设既是行业自身的要求，也是中国建造迈向高质量发展的关键因素。要提高监理能力首先要提高监理的信息化能力。"当前监理企业的信息化有些是侧重企业管理ERP，有些侧重BIM的施工现场应用，大家基本上是处于蓄势待发阶段，与中国建造的智能化要求有差距。特别是与工程项目全过程的信息化管理差距较大。当然推行BIM实现项目审批、施工许可、项目规划许可、施工图审查、施工监理、竣工验收全流程，需要打造监理信息化生态。但是，现在的BIM和二十年前的CAD情况是不一样的，当时是政府要求、设计牵头，多快好省推动起来的。现在不仅涉及行业内部性问题，还涉及与CIM（城市信息模型）的衔接、BIM的基础问题。但是，国家对新基建发展是很坚定的，工信部专门发布了新一轮的管理CIM，进一步部署城市信息化，交给住房城乡建设部牵头，推动城市建设提质增效。因此，行业应当提高对BIM的认识。从行业内部来讲，监理的信息化建设可以较好实现工程质量的追溯性，产品的追溯能力决定了这个国家、这个社会的文明程度。这次新冠疫情，大数据的可追溯性能力特别强，很快就能查出来你去过哪个地方，没去哪个地方。但对主要材料进场的这些产品，我们的追溯能力还不够。建筑工程的质量安全主要靠三个基础，原材料设备基础、设计基础、施工基础。这三个基础里面可追溯性差距较大的就是材料设备进场，往往这个时候监理只顾签字，没有考虑过材料设备是哪个单位生产的、什么时间生产的、哪个批次生产的，这就是刚才提到的产品都要有很强的追溯能力，在关键环节里面体现差异化的监管。"

"还有一个监理信息网络文明建设——工程监测。利用互联网技术和大数据联动起来。比如说施工许可证的问题，用遥感卫星智能检测，昨天这个地方什么都没有，今天这个地方突然表现不一样，结合大数据查出是否有施工许可。所以工程质量安全的可追溯性，我认为也是未来我们需要考虑的。"

三是就如何推动传统行业数字化升级。卫明副司长提出了要求："首先信息化要不断适应监理行业自身的发展。行业对监理最大的问题就是定位问题，那么如何解决监理定位？最近，建筑市场监管司正对开展监理巡查制度征求意见，在监理巡查的过程中，对参与巡查的监理企业在数据化、信息化建设能力方面提出要求。要做监理巡查的企业，必须有信息化建设，这是最基本的要求。参与巡查的监理企业本身是咨询服务，咨询服务的费用是市场化确定的，但是咨询服务是政府购买的服务，与施工的最低价中标是两个概念，服务采用政府采购，它的费用是基本薪酬加奖金，在这个方面我们还有较大的研究空间。"

最后，卫明副司长总结道："信息化管理、智慧化服务是监理行业提高服务质量、健康发展的必由之路，希望广大监理企业认清形势，加强信息化建设，为建筑业高质量发展作出应有贡献！"

（中国建设监理协会行业发展部供稿）

补信息化短板　强企业管理基础
以高水平咨询引领高质量发展

中国建设监理协会会长　王早生

（2020年7月21日）

为贯彻中央城市工作会议和全国住房城乡建设工作会议精神，落实住房城乡建设部《2016—2020年建筑业信息化发展纲要》，推动信息技术与工程监理深度融合，不断提升工程监理信息化服务能力和水平。中国建设监理协会在西安组织召开"监理企业信息化管理和智慧化服务现场经验交流会"，旨在引导监理企业补上信息化短板，加强自身信息化建设，以优质的能力为业主和社会提供智慧化的监理服务，从而引领行业高质量发展。下面我谈几点意见，供参考。

2019年，全国生产总值99万亿，第一产业增加值占国内生产总值比重为7.1%，第二产业增加值比重为39.0%，第三产业增加值比重为53.9%。第三产业的增加值比重超过了第一和第二产业的总和。咨询服务属于第三产业，监理是工程咨询的组成部分，且第三产业占的比重高，说明国家发展阶段比较高，比如美国等发达国家的第三产业占到80%左右。我们国家的建筑业发达，第三产业增加的趋势还在扩大，至少还要持续相当长一段时间。咨询行业的发展前景具有同样的趋势。

一、为什么要加强监理企业信息化建设

在首届数字中国建设峰会开幕式上，习近平主席指出，信息技术创新深入发展，在推动经济社会发展、促进国家治理体系和治理能力现代化、满足人民日益增长的美好生活需要方面发挥着越来越重要的作用。加快信息化建设，就是要适应我国发展新的历史方位，全面贯彻新发展理念，以信息化培育新动能，用新动能推动新发展，以新发展创造新辉煌。随着信息化和智能化技术的发展，传统的监理服务模式难以满足今后的信息化工程建设管理模式，监理企业应顺应社会发展，不断改革创新，借助信息化和智能化的手段，优化监理服务模式，有效实现工程建设各层面的要素可视化、数据的精准度量以及自动辅助预警等工作，大幅度减少人工成本，从而保证信息的可靠性与决策的准确性。

（一）信息化是时代进步的必然。目前，中国已是信息化时代，市场竞争日渐激烈，信息化建设在促进企业发展、提升企业核心竞争力方面发挥着越来越重要的作用，也是企业实现长期持续发展的重要推动力之一。同时，信息化发展正在改变着工程建设组织实施方式，因此，推动企业信息化建设，是时代发展的要求，是监理企业顺应时代发展要求必须完成的目标。

（二）信息化能够为企业和业主双方创造更大的效益。短期来看，信息化投入大、收益慢，从长远角度看，无论是对企业的创新发展、转型升级都会带来质的变化。积极开展信息化管理工作是下一步推动信息化建设方面的持续动力，如BIM等技术在监理项目上的应用，无论是从自身服务水平、竞争力的提升，还是市场要求、政策导向和为业主创造经济效益，都将是必然的选择。大数据、物联网、5G技术、云计算、BIM技术、装配式建筑等，将对传统建筑业生产模式产生猛烈冲击，只有企业把握住机会，才不会被信息化时代的市场所抛弃。

（三）信息化是提升监理服务能力的必由之路。监理作为工程卫士，更应站在行业角度深入学习信息技术，利用信息化更好地融合与创新，进而提供高效、可行、可信的信息进行确认及采纳，避

免重复劳动、优化资源配置、提升服务效能。因此，信息化技术融合到工程监理工作中，将彻底改变传统的工作方式，促进监理行业转型、升级、创新，最终实现并履行好企业的社会责任。

（四）推动监理服务从信息化向智慧化转型。企业信息化建设不是简单的购买或开发管理软件，而是需要建立一整套能够实现信息共享、提升监理履职能力的智慧化服务平台，实现施工现场管理数字化、智慧化，提高信息传递、分析效率，降低人工成本，确保工程质量安全生产管理有序推进，提质增效。

二、如何提升监理企业信息化管理能力

"补短板、扩规模、强基础、树正气"是监理企业和行业改革发展之路，信息化建设是其中的重要内容，是今后企业发展的重要着力点。应当在以下几个方面加强工作，取得实效。

（一）提高思想站位，加强信息化建设。加强监理企业信息化建设是提高企业核心竞争力、优化企业管理模式、组织框架、业务流程、适应市场环境的有利途径。目前大多数监理企业的信息化管理水平亟待提高，监理企业的决策者应提高思想站位，高度重视企业信息化建设，企业通过加强企业信息化建设，避免信息孤岛，实现信息资源整合统一，全面改革企业管理体制和机制，大幅提升监理企业的工作效率、市场核心竞争力和经济效益。

（二）加大信息化装备投入，夯实企业管理基础。信息化装备是提高现场监理工作能力的有效手段，能够实时、便捷、有效地管控施工现场，提升现场监理履职能力。如施工现场巡查穿戴设备、无人机巡查、实时监控、智能识别等信息系统和装备，不断提升施工现场监理的履职能力，为业主提供信息化监理服务。

（三）重视人才培养，提高信息化应用能力。人才队伍的建设是监理企业转型发展的关键，信息化的监理人才是监理企业信息化建设的关键。因此，监理企业应构建信息化监理人才培养的长效机制，加强信息化监理人才的培养，建立多层次、多渠道、重实效的信息化人才培养机制，逐步提高监理人员的信息化应用能力，从而提升现场监理的业务能力和水平。

（四）加强监理信息化服务标准建设。提高标准化能力，以高水平咨询引领行业高质量发展。目前，监理信息化服务方面的工作标准还是空白，制定出台监理信息化服务工作标准可以有效推进监理信息化服务的标准化，推动包括BIM技术、物联网、AI人工智能在监理工作中的应用和融合，为助推传统监理向智慧监理方向转型奠定重要基础，为监理行业向高水平咨询服务转型提供工具支撑，以标准化、信息化手段促进监理工作效率提升，促进监理企业提升向市场提供高质量服务产品的能力，促进监理行业向信息化技术方向发展融合。

信息化建设与监理企业、行业的改革密切相关，是创新发展的重要抓手。补监理信息化短板，强化企业管理基础。目前只有少数监理企业在开展业务中实现信息化管控，而大多数监理企业的监理手段过于传统，无法满足对现场施工质量安全监管的需求。在项目建设前端的设计和建设过程中的施工已基本实现BIM等信息化，如果监理的监管手段落后于施工单位，将无法对施工现场进行有效的监管。所以，监理企业要加大信息化装备的投入和人才培养，不要认为发展BIM、无人机巡查、智能视频监控等属于高科技，这些装备应该是今后监理企业拓展业务时的标配，是最基本的能力建设，是提升企业核心竞争力的关键。如苏州市的"现场质量安全监理监管系统"，开创施工现场质量安全监管新模式，改变传统监管方式，提高监管效率，甚至做到工程项目监理业务全过程留痕，实现对建设过程、关键部位、重点环节的全覆盖，保证监理工作的公正、透明化。加强了市场与现场联动，责任与利益统一，从而促进监理企业的廉政建设，监理人员的廉政从业，塑造监理新形象。

今天在大会上交流的都是行业内开展信息化监理工作的优秀企业，他们将通过企业信息化建设或项目案例来交流经验和做法，请大家结合实际，学其所长，不断提升自己服务业主和社会的能力。这些优秀监理企业的信息化建设已经有了可喜的回报，尝到了甜头，得到了业主和社会的认可，"回头客"越来越多。在座的企业家以及所有的监理企业发挥市场主体的作用，以信息化推动企业的转型升级和行业的发展。

最后，我们要不忘初心、牢记使命、砥砺前行，不辜负国家、社会的期望，要对国家负责，对社会负责，对人民负责，实现工程监理行业的持续健康发展，以高水平咨询引领高质量发展，为国家建设作出应有的贡献。

把准行业脉搏　理清发展思路
以信息化建设赋能监理行业新突破

——王学军副会长兼秘书长在工程监理企业信息化管理和智慧化服务现场经验交流会上的总结发言

尊敬的各位领导、各位会员代表：

大家下午好！

在全国防疫工作取得阶段性胜利的时候，我们相聚在古都西安，召开"工程监理企业信息化管理和智慧化服务现场经验交流会"。因为疫情的原因，我们对会议规模作了适当控制，但是依然有来自全国监理行业200余位代表参会，可以感受到各位代表对监理企业信息化管理和智慧化服务的重视。陕西省住建厅茹广生副厅长莅临会议现场并致辞，介绍了陕西监理行业发展情况，对监理行业健康发展寄予厚望，让我们很受感动。部里对这次会议也很重视，建筑市场监管司卫明副司长专门到会讲话，向我们通报了建筑市场监管的有关情况，对加强监理行业信息化建设提出要求，对发挥监理作用提出了努力方向，让我们很受鼓舞。早生会长结合社会发展实际，就如何应对世界变局提出以高水平咨询引领高质量发展的理念，希望大家重视信息化建设，从思想认识、资金投入、人才培养、加强信息化标准建设四个方面入手。卫明副司长和早生会长的讲话既为监理行业发展指明了信息化建设的方向，又指出了具体的路径和方法，我们要深刻领会，积极付诸实践，推进监理行业信息化建设。

借此机会，我围绕信息技术在监理工作中的应用谈些意见，供大家参考。推进监理行业信息化建设的意义，早生会长和各位代表已经作了详尽阐述，我就不再赘言，下面我主要想谈谈目前行业在信息化建设上的不足和下一步努力方向。

一、把脉信息化建设现状，理清监理服务智慧化发展思路

习近平总书记在2018年的全国网络安全和信息化工作会议上指出："信息化为中华民族带来了千载难逢的机遇。"无疑，信息化也是监理行业发展的重大机遇。为进一步提升建筑业信息化水平，住房城乡建设部印发了《2016—2020年建筑业信息化发展纲要》，提出了实现企业管理信息化、行业监管与服务信息化、专项信息技术应用及信息标准化的目标。在《纲要》的指导下，建筑行业的信息化建设取得了长足的进步，监理行业的信息化建设也开展得如火如荼，可以说是企业各有千秋，都有不同程度进展。

比如，在武汉疫情最严重时期，参与火神山医院建设的武汉华胜公司利用BIM技术及多种信息化手段，进行质量管控、安全监管、现场协调、方案论证等多项工作，确保了火神山建设的安全和质量。因为信息化管理能力的提高，监理行业在疫情期间工作也没有停滞。有的监理单位利用互联网和信息化工作平台，进行员工培训、会议交流、商务洽谈等工作，有的项目监理机构运用无人机进行安全巡检，使业务顺利开展，尤其是确保了各地抗疫设施建设如期顺利完工。能取得如此优异的成绩，信息化管理手段功不可没。

监理行业信息化建设的成果，我们还可以从参会企业的演讲中看到一部分。如永明项目管理公司研发的"筑术云"软件，实现了企业的信息化管理和智慧化管控。通过智慧化管控观摩，我们切身感受到其对提升监理工作能力，保障工程质量安全的作用。广东创成监理公司通过前端智慧化设备、后台智慧化系统及移动端巡检技术，实现项目管理全要素智能监督，保障施工安全。建基工程咨询公司引入IPD思维理念，利用信息化手段进行管理，大大提高了对项目的远程管理。上海市建设工程监理咨询公司以上海天文馆项目为例，介绍了全生命周期实施BIM应用与管理为项目带来的增值效益。浙江江南公司介绍了本企业应用数字化运营管理和智慧

工程咨询业务模块进行信息化管控。重庆赛迪工程咨询公司在项目中应用人工智能、BIM、云计算、数据科技为代表的新技术做法和经验。江苏建科工程咨询有限公司介绍公司自主研发信息化管理平台的应用成效。山西协诚公司介绍了将BIM和智慧工地系统等信息化手段在项目中应用取得的成效。陕西中建西北公司介绍了将"总监宝"软件运用于监理工作，并采用积分形式鼓励监理人员积极运用信息化管理软件，有效地提高了工作效果。这些企业的做法和经验是监理行业信息化建设丰硕成果的缩影，相信在座的各位听了以后都会有所收获，也会为下一步企业信息化建设树立信心。因为时间关系，还有20余家监理企业准备了交流材料未能在会上交流，希望大家认真阅读，从中也会有所收获。

政府主管部门对信息化的推广也是不遗余力，部里的重视是大家有目共睹的，地方主管部门也在积极推动。济南市住房和城乡建设局印发关于开展工程监理改革试点的通知，自今年8月1日起开展为期一年的试点，其中包括推动监理模式信息化智慧化，要求监理企业在取样见证、旁站、巡视、验收等环节采集建筑工程质量安全影像资料，供监督机构查看，增强工程质量安全可追溯性。提出监理企业要采用监理+信息化管理模式，探索基于BIM技术的智慧监理手段，有效提升工程监理服务质量。各地主管部门的重视，为我们行业推进信息化建设提供了有力保障。

成果固然可喜，但我们还面临着一些问题和困难。如行业的诚信问题、低价竞争问题，企业之间信息化建设发展不平衡问题等。这些问题是阻碍行业发展的大事，不解决这些问题，我们的行业就不能真正实现良性循环发展。从信息化建设方面看，我们工程监理企业信息技术应用能力还存在一些不足，有的监理企业对信息技术应用认知不高，缺乏紧迫感，制约了信息技术的推广应用；有的信息技术应用范围比较窄，多数企业仍是以使用管理软件为主，未能充分利用现代信息资源，实现信息应用和共享。正是由于行业和信息化建设还面临一些问题，监理行业信息化建设必须坚持问题导向，这是我们最基本的思路。

二、全力推动行业信息化，赋予行业发展新动能

刚才我们谈了行业的信息化建设成果和现状，也谈了行业发展还面临的问题。李克强总理提出"互联网+"的现代企业发展理念，从实践看信息化建设可以解决很多问题，包括工作效率低、标准不一的问题，也可快速解决现场有关问题。我相信只要我们善于思考，善于运用信息化手段，实现"互联网+"监理，将信息化和智能设备与监理工作融合应用，行业发展中遇到的困难和问题会得到很大程度地缓解甚至解决，我们的行业会随着信息化建设的不断推进而迎来大的发展。

第一，监理企业的信息化建设要立足实际，持续推进。认真落实早生同志就如何提升监理企业信息化管理能力四条意见，争取通过信息化建设达到信息共享最大化、工作检查和文件传输及时化、协同沟通扁平化等目的。在信息化建设方面，企业要量力而行，综合考虑企业自身管理及服务对象需求，本着急用先上，简单先用。信息化建设一定要遵守效益原则，循序渐进、持续推进。

第二，紧跟政策导向，实现稳中有为。比如，近期国家力推"新基建"一揽子项目，主要包括城际高速铁路、城市轨道交通、大数据中心、人工智能、工业互联网等领域建设。我们监理行业要积极顺应国家政策导向，力争在新的形势下有所作为。同时，要积极拥抱现代信息社会和未来智能社会，不断提高信息化管理水平和智能化监理能力，改变传统的监理模式，打造"智慧监理"，形成人工旁站与视频监控并重，安全巡查与无人机巡航并重，平行检验与智能检测并重的智慧监理工作格局。

第三，明确信息化建设目标，打造企业核心竞争力。企业，尤其是服务型企业的核心竞争力，在于能根据客户需求提供特色化的服务，大数据、云计算、互联网、物联网等信息技术为实现这种差别化服务提供了有效手段。工程监理作为智力型服务行业，更需要信息技术支撑，企业只有紧跟时代发展步伐，把最先进的信息技术应用于服务业主上，才能在激烈的市场竞争中立于不败之地。所以行业信息化建设的中心目标应定位于提供满足业主需要的服务上，要紧盯"服务"二字，信息化是手段，增强管理效果，提升服务质量是关键。

第四，监理行业要团结一致共同前进。目前行业的一个重大问题就是低价不正当竞争，低价竞争带来的是外界对行业整体的不看好。要树立企业之间既是竞争对手也是合作伙伴的思想，要看到团结合作带来的效益，摒弃"零和竞争"模式，打造属于我们监理行业的命运共同体。在这方面，信息化建设也有它的用武之地。比如，大型监理企业资金雄厚、人才众多，那么就要在推广信

息技术应用方面为行业多作一些贡献。通过自身的发展带动中小企业的信息化建设,把开发完善的管理和服务软件卖给或租赁给中小企业,这样大企业增加了收入,中小企业减少了成本,实现了双赢。另外,还可以运用信息化手段,收集和公布监理服务市场价格,以达到稳定监理市场价格的目的。

《2016—2020年建筑业信息化发展纲要》中明确指出要深化行业诚信管理信息化,建立基于互联网的建筑企业、从业人员基本信息及诚信信息的共享模式。中国建设监理协会目前正在利用大数据、互联网等技术推进行业诚信建设,今年的会员单位信用自评估活动因疫情影响推迟到8月份开展,希望在座各位给予重视和支持。

同志们,今年是较为艰难的一年,受疫情以及现阶段南方洪水的影响,各类企业经营遇到了一些困难,但是我们要坚信有党中央的坚强领导,困难一定能够战胜。让我们凝心聚力,积极推进信息化管理和智慧化监理工作,用监理人的智慧,努力夺取疫情防控和企业高质量发展双胜利,创造行业美好的明天!

这次会议开得比较成功,感谢各位代表不辞辛苦从四面八方前来参会,感谢发言单位和提交交流材料单位百忙之中的准备,感谢陕西省建设监理协会和监理企业对这次会议的鼎力支持。最后,祝各位身体健康,返程顺利!

谢谢大家。

为企业插上腾飞的翅膀
永明项目管理公司智能化管控创新与实践

永明项目管理公司

永明项目管理公司成立于 2002 年，总部位于西安，注册资本 5025 万元，目前拥有房建、市政、公路、电力、水利监理，工程造价，招标代理 7 个甲级资质，人防、石化监理等 3 个乙级资质。近年来企业全方位实现智能信息化管控，企业经营管理逐步走向科学高效，成为全方位智能管控的平台化管理公司；企业知名度、影响力不断提升，下属分公司增至 248 家，遍布全国 100 多个城市，员工 15000 多人，参建项目达 2100 多个，没有出现任何工程安全质量事故，企业营业额连续 3 年以 48% 的速度增长，2019 年突破 14 亿元，企业规模西北第一、全国前茅，成功升级为智能化、平台化管理公司。

一、筑术云管控平台及其整体优势

2016 年 8 月，永明项目管理公司结合中国建筑行业管理和信息技术发展应运现状，投资成立了合友网络科技公司，开发用于建筑行业智能信息化管控公共云服务平台——筑术云，科学配置研发队伍，聘请了资深信息技术与管理专家、软件开发工程师、产品工程师、测试工程师、运维工程师、架构工程师等一批专业人才，团队采用"结果导向、目标管理、OKR 管控、U 币激励"管理。经过 3 年多时间的不懈努力先后研发了移动办公自动化（OA）、移动工程业务管理、移动专家在线、移动多功能视频会议、移动实时视频监管五大系统，系统由 260 个功能模块集成，在永明项目管理公司招标、造价、监理三大业务板块 6000 多个项目进行了全方位应用并发挥了积极作用，同时也对筑术云五大系统进行了全面系统地实际检验，研发团队根据实际应用情况以及建筑行业和信息化技术的发展变化，反复进行了优化完善和升级，目前已在行业应用推广。筑术云智能化管控平台主要优势如下：

（一）整体技术方案应用了信息化时代的两大尖端技术

整体技术解决方案运用"互联网+"云端大数据，实现全交互配置、全方位支持、全天候管控、全过程留痕、全链条受益。使遍布世界各地的用户，只需用与互联网络相连接的电脑、平板、手机等智能设备，通过浏览器登录就可进入云数据中心，并读取数据库当中的数据，共享云数据中心的数据资源，对企业和项目进行智能化管控。

（二）核心技术采用 4.0 时代的宠儿——公共云服务

筑术云管控平台的核心技术应用了 4.0 时代的宠儿——公共云服务。公共云服务技术较传统的私有云服务，可以使用户（使用者）省去前期总体规划、硬件平台建设、应用软件采购、机房建设与管理、软件二次开发、系统整体维护与管理、保障信息安全等诸多工作，5G 技术的成熟与应用以及其诸多奇特的优点，更可使公共云服务如虎添翼。

（三）与当代 IT 巨头阿里合作，托管主服务器双机热备

站在巨人肩膀上做事，要比把自己培养成巨人省事得多，永明项目管理公司与阿里形成战略合作，数据的存储、交换、安全交由阿里云负责，在阿里总部杭州和西安丝路分部分别设立主、副存储服务器实行双机热备份，确保了系统运行的稳定、安全、可靠。

二、筑术云管控平台五大系统主要特点和功能

（一）移动互联网协同 OA 系统

移动互联网协同 OA 系统集成了 30 多个不同功能的模块，能够满足建筑类企业，包括非建筑类企业、政府、医院、学校、酒店等办公使用，主要特点和功能如下：

1. 根据管理权限或工作需要随时授权。

2. 电脑、手机同时运行互不影响。

3.关联单位授权接入、分享、协同工作。

4.电脑、手机手签功能。

5.各类审批流程任意设定，超时提醒。

6.重要事项电脑、手机提醒功能。

7.完整的人力资源管理功能。

8.与专业财务管理软件兼容。

9.结合用户实际可进行充分二次开发。

（二）移动互联网多功能视频会议系统

该系统对网络、终端设备要求低，运行稳定，用户随时随地用手机、电脑、iPad等均可参会，可同时500方参加视频会议，并可同时10个会场并发。主要特点与功能如下：

1.会场可固定，可移动。

2.会场数量不限，任意组网。

3.多会场画面自由切换。

4.移动远程多方培训。

5.移动远程现场观摩交流。

6.移动远程视频现场检查。

7.移动远程定位考勤。

8.协作单位授权入网互动等。

（三）移动互联网远程视频监管系统

移动互联网络远程视频监管系统主要由设在不同地理位置的监控摄像机、网络硬盘录像机、视频服务器等硬件和控制硬件设备的软件构成，主要特点与功能如下：

1.监控点根据用户需求任意设定。

2.重要部位、关键节点全天候监管，全方位留痕，任意保存。

3.视频资料保留方式灵活多样（根据内容、时间、需要）。

4.电脑、手机同时登录，监管、显示互不影响。

5.管理者用电脑、手机均可随时拍照、录像。

6.追溯内容、时间任意设定。

（四）移动互联网项目管理系统

该系统主要是针对建设工程项目管理的五大要素，即安全、质量、进度、成本、人员与设备的管理为主要管理对象，加上前期的招投标管理，工程全过程中的档案管理、合同管理而研发的，主要特点与功能如下：

1.档案合同管理。

2.招投标管理。

3.工程进度管理。

4.工程质量管理。

5.工程安全管理。

6.人员与设备管理。

7.工程费用（成本）管理等。

根据不同企业的差异化需求，可进行充分的二次开发，提供既符合行业规范、标准、要求，又具企业个性化、差异化特点，能解决企业实际问题的产品。

（五）移动互联网络专家在线系统

该系统的应用可充分利用和发挥技术专家的作用，达到现场与专家、线上与线下共同把控项目安全与质量，确保项目所有技术问题均由专家指导把关，所有资料全部适时、真实、科学、规范产生，从而确保项目安全与质量不出问题，主要特点与功能如下：

1.500名专家团队全天候在线，随时受理用户各类诉求。

2.结合用户提出的具体问题，对比较简单的问题及时给出合理化建议。

3.对于用户提出比较复杂的问题，专家团队利用筑术云的全方位数据支持，适时给出权威性解决方案，并在线指导解决。

4.对一些难度较大、用户一时没有能力解决的问题，专家团队根据具体情况，适时深入现场帮助研究解决。

5.系统将各类问题和解决方案，即时整理成案例知识，提供给知识库供平台用户借鉴使用。

三、筑术云管控平台实际运用与效果

筑术云智能化管控平台五大系统，均按照先进理念、科学制度、国家规范、行业标准，规范的管理流程、业务流程研发，筑术云智能化管控平台的全面应用，给企业经营管理带来的好处是全方位、综合、长期的，具体表现在以下几个方面：

（一）工作效率大幅提高，各类成本大幅下降

永明项目管理公司应用智能化管控平台后，由于工作效率的大幅提高和各类成本的下降，公司机关从2020年1月1日起，实行了"结果导向、目标管理、系统说话、奖罚分明、规范运作、每周工作24小时"，近3年，公司机关人员平均工作时间减少了30%，薪酬平均增长了35%。实现了企业发展员工受益，企业与员工同步发展的目的。

（二）参建工程安全质量得到了有效保障

永明项目管理公司每年参监（建）的建设工程项目有近3000个，几十个专业，15000多人，遍布全国各地，由于筑术云的全天候支持、全方位管控、全过程留痕以及500多人的专家团队全天候在线保驾护航，确保了参监（建）工程项目的安全和质量不出问题，3年时间近7000个项目，没有出现一起安全、质量、廉政问题，获得省部级以上各类奖项60多项。

（三）企业知名度、影响力大幅提升

筑术云智能化管控平台的应用，使企业人员的行为规范了、管理科学了、效率提高了、形象变好了、业绩更多了、中标容易了、知名度提高了、影响力扩大了，目前到永明项目管理公司参观学习的兄弟单位、建设单位、施工单位等络绎不绝，仅2020年3月就多达52家寻求与永明项目管理公司合作的单位和个人，仅一个月签订各类合作协议达18份。

（四）承揽的重点项目、大型项目大幅增长

筑术云的应用不但能有效保证工程项目的安全、质量、进度，科学控制成本，更重要的是能为智慧城市建设留下宝贵的基础数据，各地的大型项目、重点项目，都将是智慧城市建设和管理的主要内容，筑术云保驾护航的永明项目管理公司，成了大型项目和重点项目钟爱的对象，近年来永明项目管理公司先后中标了西安公共卫生中心（陕西版小汤山项目），西安地铁6号线项目、8号线项目，龙居寨移民工程项目，青海广电中心项目，兰州生物创新园项目，南航运营基地项目，海南榕城项目等100多个大型项目、重点项目，成了大型项目、重点项目建设监理的主力军。

（五）主要经营指标稳步大幅攀升

永明项目管理公司自从应用筑术云智能化管控平台全方位实施智能化管控以来，不断拉动企业主要经营指标的大幅提升，2017年、2018年、2019年，中标金额分别是4.5亿元、9.8亿元、14亿元，涨幅平均在48%以上，2020年预计达到20亿，走在了全行业的前列。

（六）拉动企业经营管理更加科学高效

筑术云智能化管控平台对企业的全方位管控，不断促进和拉动企业的管理逐步走向更加科学高效，永明项目管理公司目前已形成了"制度和职责管人、标准和流程管事、系统和数据说话、奖励和处罚分明、企业和员工受益、企业员工同发展""结果导向、目标管理、智能管控、数据说话、高效工作、规范运行"的良好局面。

（七）企业转型升级为智能化平台化管理公司

永明项目管理公司全方位应用筑术云智能化管控的同时，不断加大作为平台化管理公司的创新与建设，经过几年时间的不懈努力，一个新型的智能化管控的平台化管理公司已基本形成。作为智能化管控的平台化管理公司，主要特征是五个建设与五个输出，即品牌与资质的建设与输出、制度与管理的建设与输出、标准与流程的建设与输出、技术与服务的建设与输出、智能化管控手段的建设与输出。五个建设与五个输出确保了永明项目管理公司200多家分公司6000个项目的安全和质量。

四、筑术云应用给参建各方带来的效应

筑术云智能化管控平台可根据工作需要，授权建设项目各参建方共享全部或部分功能，参建各方有效协同、高效工作的同时，还可享受其他诸多好处。

（一）给施工方、监理方带来的好处

筑术云智能化管控平台的全方位应用，给施工方、监理方带来的好处是长期的、综合的，概括如下：

多头工作有条不紊、信息追溯一键解决、请示汇报无须预约、竣工资料一键生成、决算争议大大减少、规章图纸随身携带、工作好坏一目了然、推诿扯皮成为稀缺、企业管理轻松高效、企业形象不断提升。

（二）给建设单位带来的效益

建设单位作为工程建设的主体，监理方在应用筑术云进行智能化管控的过程中，应主动为建设方授权使用工程安全、工程进度、工程质量、参建各方人员设备管控等筑术云智能化管控的核心功能，使建设单位更加科学地管控工程建设项目。通过筑术云在永明项目管理公司3年时间6000多个建设项目的实际应用，证明筑术云能为建设单位带来如下好处：

互联互通的共享平台、科学高效的管理平台、工程质量的保障平台、廉政风险的防控平台、多方共建的沟通平台、参建各方的提升平台、工程形象的展示平台。

结语

永明项目管理将伴随监理行业由信息化工业革命向智能化工业革命的跨越和中国"十三五"战略向"十四五"战略的跨越，紧跟时代步伐，保持理念超前、战略科学、目标明确、制度先进、手段现代，不断优化筑术云产品质量与服务，充分发挥筑术云的作用，"科学管控千里眼，优质工程护身符"，为共享筑术云者插上腾飞的翅膀，为建筑行业智能信息化管控提供优质服务，贡献永明力量。

赛迪工程咨询在信息化、数字化、智能化时代的ABCD应用实践

重庆赛迪工程咨询有限公司

一、人工智能应用的探索研究

（一）AI技术进展和应用领域

从全球两大知名IT市场调研公司高德纳（Gartner）和IDC（International Data Corporation）发布的2019年十大战略技术趋势可以看出：AI正处于"C位"无可挑剔。在十大名单中，均有多项与AI直接或间接相关。如高德纳名单中的自主设备、增强分析、AI驱动的开发、智能空间；IDC名单中的人工智能成为新的用户界面、新的开发者阶层、应用开发革命，都是AI直接和间接驱动的改变。

人工智能技术发展趋势将延续2019年，在胶囊网络、生成式对抗网络、联合学习、强化学习、人工智能终端化等方面继续发力。从AI技术进展和应用领域发展的角度来看，在工程行业有几个趋势已日益凸显：

1. 随着以手机/现场终端设备为代表的移动智能终端计算存储能力快速加强，端AI与边缘计算（EC）、物联网（IoT）技术正在快速发展与普及，AI+EC+IoT赋能智慧工地、智慧咨询的解决方案正在形成。

2. 自动机器学习（AutoML）正在快速地渗透各个AI应用领域，从最早的图像领域，目前已经拓展到自然语言处理（NLP）、智能搜索等领域，应用智能技术支持、机器阅读理解、智能文本搜索、智能文本分类等技术，有效提升工作效率、降低劳动强度。

3. 5G技术的到来，视频、图片类应用将快速成为最主流的消费场景，是AI的另一应用主战场。同时计算机视觉（CV）领域应用已相对成熟，逐步应用落地。

在大环境下，智慧城市、智慧工程、智慧咨询、智慧服务将大量涌现，是工程咨询行业找准市场定位、挖掘新咨询服务的增长点。

（二）赛迪人工智能布局

为适应AI人工智能时代，在2019年，赛迪奇智成立，打造以人工智能应用产品为核心的创新型科技企业。赛迪工程咨询与赛迪奇智紧密合作，成立科研机构和团队，共同探索研究人工智能的场景化应用，例如基于计算机视觉技术的智能巡视分析、基于5G和智能终端的远程智能监视、基于自然语言处理和智能搜索的智能合同/标书检查等，以减少人员重复劳动、降低资源成本、激发创新活力。

案例：智能巡视与分析检测

1. 现场安全巡视

利用无人机航拍、人工智能、深度学习等，让计算机自主学习并识别现场疑似问题，改变当前巡视以点线为主，巡视方式单一、效率不高、依赖人工经验等问题，实现自助巡检、问题自动发展并警示提醒。

2. 钢筋绑扎质量批量检测

钢筋工程验收主要靠现场巡查抽检（在隧道钢筋验收中，往往远距离目测高处钢筋），对可疑点比照图纸进行现场卷尺测量，效率较低，容易漏检。通过高清拍照并输入计算机中，对施工区域进行快速对照分析，标记出疑似问题，将有效提升现场工程师的验收效率和质量。

二、以全过程、智慧运营管理为导向的BIM技术应用

（一）BIM发展及趋势

BIM已然成为行业发展的热点，近10年经历了复兴与变革，BIM技术的开放发展、智能应用将成为未来10年的趋势。

1. 建筑智慧国际联盟与开放公共数据

2019年10月，建筑智慧国际联盟在北京召开了具有里程碑意义的国际标准峰会，甲骨文以战略成员身份加入建筑智慧国际联盟，将助力改进基于云的解决方案。

甲骨文引领的开放公共数据环境计划，专注于线上数据环境、编制和质量工具之间的智能数据交换。开放公共数据环境是国际业界在2020年及以后实现数据驱动型转型的第一步。

公共数据环境（CDE）、数字孪生和

开放建筑信息模型将是未来的焦点。

2. 与大数据、人工智能相结合的智能BIM

"人工智能是行业发展的未来，大数据驱动新一代人工智能，而BIM将构筑行业大数据并支撑行业的数字化。"清华大学教授张建平在2019年全国BIM高峰论坛上分析认为，信息化发展要实施智能BIM。

面临各行业转型升级和绿色发展的关键时期，依托BIM技术和云计算、物联网，以及人工智能技术的衔接，与施工管理的深度融合，可助力行业变革和发展。

不难看出，BIM发展为整个建筑业的建筑工程数字化提供了非常好的基础，通过这些年BIM的普及应用，建筑业逐步具备了大数据和人工智能发展的应用条件。

（二）赛迪工程咨询以全过程、智慧运营管理为导向的BIM技术应用

赛迪工程咨询以巴布亚新几内亚瑞木镍钴项目三维数字化辅助现场管理为起点，为体育场馆、综合交通枢纽、隧道、机场、医院、轨道等业务板块的30多个项目提供了"BIM+"咨询服务，涵盖项目策划、设计、施工、运营阶段。

1. 在策划阶段，开展了项目现状建模、场地分析、总图规划、环境评估等BIM应用，例如：在重钢片区基础设施建设项目策划阶段，创建了基于无人机摄影及数据处理技术路线，建立了适用于市政道路类项目模型运用技术体系，实现了园区级市政基础设施项目可视化，做到了高效率、高精度土方算量及土方调配动态演示。

2. 在设计阶段，开展了设计方案论证、正向协同设计、性能/结构分析、绿色建筑评估等BIM应用，在凉山州创业孵化园、西部地理信息产业园等项目进行了应用。

3. 在施工阶段，开展了BIM辅助施工方案分析、机电管线综合优化、现场施工控制管理等应用；例如，在宜昌奥体中心、重庆火车北站等项目进行了复杂节点交叉施工指导、机电管线综合优化、净高控制及施工图纸二次优化、异形结构深化及施工模拟。

4. 在运维阶段，提供基于"BIM+"的运营管理综合平台；例如，为重庆西站综合交通枢纽提供了"设计+施工+运营"的BIM咨询服务，以及信息化管理平台、质量管控平台和基于"BIM+"的运营管理综合平台。

赛迪工程咨询提供BIM咨询服务的重庆西站综合交通枢纽、宜昌奥体中心等项目在国家、地方的多个行业协会中获得BIM奖项。

三、面向企业的云办公

（一）云计算的未来

平时使用的很多应用都离不开"云计算"背后的强大服务支持，越来越多的企业开始使用基于云计算的企业服务，我们正在因为"云计算"而发生着巨大变革。云计算带来的好处是显而易见的，无论是备份、存储、恢复数据，还是开发新的应用，IaaS、PaaS、SaaS等云服务都会帮上忙。云计算带来了业务敏捷性、可扩展性、效率和成本节约等优势。未来几年，云技术将继续发挥作用对行业产生深远的影响。

1. 云计算+5G

通过将5G与云计算技术相结合，可以将更多容量和功能用于物联网系统，可提供更快的移动服务连接，最终使网络用户能够顺利使用系统，上传视频图像。

2. 混合云解决方案

在结合私有云和公共云的基础上，用户端可以毫不费劲地来回传输数据和应用程序。混合云更具灵活性，具有更多工具和部署选项，可确保降低转换风险和总体成本。

3. 增强式多云平台

增强式多云平台将成为一大主流。灵活的外观模型、便捷的数字管理平台，允许用户从集中位置访问相应的云服务，简化所有云活动的管理。

（二）赛迪云上办公转型

2009年，基于集团管控的信息化整体解决方案——CCIS系统在赛迪工程咨询成功上线，实现了企业资源的一体化整合。从2013年开始，赛迪开始推进移动化办公，经过几年努力已全面实现。

为布局5G时代，公司在2019年实施部署了赛迪私有云，建立了云上办公系统、云上视频会议、云上轻推网盘，今年全面推进实现云上办公，进一步增强计算机系统安全，降低计算机运维成本和软硬件成本。

四、数据科技

（一）中流砥柱数据科技

数据科技是一个比大数据更动态的词汇，更能描述数据技术与企业管理的关系。作为AI三要素之一，数据与人工智能关系紧密；同时在数字孪生、智能空间、数字化经济、数字化创新、数字化原生IT方面，数据科技都是中流砥柱。IDC对IT产业的未来进行了以下预测：

数字化的经济：到2022年，逾60%的全球GDP将都是数字化的，推动2019—2022年期间与IT相关的投资将达到约7万亿美元。

数字化原生IT：到2023年，75%

的IT支出将用于第三代平台技术，因为逾90%的企业会建立"数字化原生"IT环境，在数字经济中快速增长。

应用开发革命：到2022年，90%的新应用将采用微服务架构，提高设计、调试、更新和利用第三方代码的能力，35%用于生产环境的应用将原生支持云计算服务。

数字化创新爆发：从2018—2023年，借助新工具/平台、更多开发者、灵活的方法和大量代码重用，新开发的应用数量将达到5亿个，相当于过去40年的总和。

（二）赛迪以全生命周期管理、全过程成本核算为目标的工程项目管理

1. ERP全生命周期管理

赛迪ERP采用国际先进的Oracle ERP系统，使用国际化项目管理理念，以"人、财、物"为核心，围绕着项目主线，进行项目全生命周期管理，对财务、营销、人力、采购等进行一体化管理。

2. 全过程成本核算体系

在ERP对工程项目进行全生命周期管理的基础上，建立全过程成本核算体系，主要以PWX预算平台为核心，对所有项目进行预算计划、编制、审批、费用控制。

3. 项目生产的系统化管理

运用深度定制化二次开发的项目管理系统，加强对项目的远程管控力度，促进项目的信息化、标准化、精细化管理，提升公司对项目风险的控制能力。系统覆盖全过程咨询、监理、项管、招标、造价、设备监制、工程咨询（PPP、评估、技术咨询）等业务板块。

4. 赛迪轻推工作平台应用

赛迪打造了专用于工程行业的协同工作平台，集成了CCIS（ERP、OA、ECM）等主要应用系统，拥有内部群聊沟通、人员考勤打卡、电子邮箱、在线会议、工作汇报、文档管理等功能，具有系统安全可靠、数据永久存储、支持项目级多方协同等特点。

5. 智慧工地应用

赛迪为智慧工地而打造的"轻筑"云平台，通过大数据、智能化、BIM、物联网等集成应用与施工现场深度融合，让工地长出"眼睛""耳朵""鼻子"和"嘴巴"；"看"得到违规、"听"得到噪声、"闻"得到粉尘、"尝"得出污水。工地变得"聪明"起来，实现了业主等参建方对项目现场的360°监管。

6. 无人机远程可视化应用

无人机、智能安全帽、现场记录仪等设备结合应用，形成系统化管理平台，在多个区域的不同项目上实现联动可视化管理，辅助项目进行高空脚手架/塔吊升降等安装作业旁站、项目现场作业巡视、无人机远程现场观摩/专家技术支持、三维实景建模、土方算量，与项目管理系统结合形成了赛迪实景云平台。

无人机现场巡视+项目现场远程可视化监管+项目管理系统全过程信息管理+专家远程技术支持，形成了空地一体化远程管理。

五、改进与发展

1. AI应用落地的挑战

人工智能应用处于初级阶段，主要表现为成熟应用不多、以点应用为主，受限条件多，需长期持续改进、挖掘。

2. 后ERP时代的创新

ERP优点明显，能够有效整合企业资源，但随着信息化、智能化及人工智能的快速发展，企业的个性化需求表现更加明显，已经进入个性化服务的时代（后ERP）。

3. 系统多、数据多

企业应用系统多、数据来源多，需要建立一套适用于自身企业实际的数据治理体系，运用大数据、数据中台的思维对各种数据进行梳理、组织并应用。

4. 工程大数据需求迫切

各个行业的龙头企业都在大力发展大数据，挖掘大数据应用。在工程行业，亟待根据自身行业特点，建立成熟的工程大数据平台，落地应用到企业和项目管理过程中。

结语

赛迪工程咨询将始终以技术为支撑，以信息化为手段，以大数据、人工智能、智慧咨询为前进方向，坚持"智力服务创造价值"的核心价值观，持续优化和创新，不断提升项目管理水平。

轻推电脑版主界面

轻推手机端界面

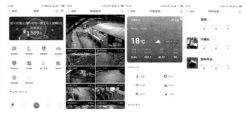

轻筑手机端界面

智慧信息化管理在监理项目中的应用与实践

建基工程咨询有限公司

一、项目介绍

商丘市金融中心项目位于睢阳南路以东，帝誉路以北，腾飞路以西，应天路以南。规划占地面积约4.6万平方米，总建筑面积23.5万平方米（其中地上约16.40万平方米，地下约7.10万平方米）；由两栋塔楼、裙房、地下室构成，建筑高度约160m，地下室2层。该项目引入集成产品开发（IPD）思维理念，以项目管理为中心，分析模拟项目全过程，充分利用各参建方成员的跨领域知识，集体对项目的成功负责提供决策质量。通过创建共用基础模块，保证沟通渠道的顺畅，减少各方业务的依赖关系，实现各方异步业务的实施。

二、监理信息化管理应用点

（一）计量支付审批

合同签订后，建设方应按照合同约定支付施工方进度款。工程造价的确定是以工程所要完成的工程实体数量为依据，计量的内容是对已完工程量和质量的确认；计量和支付是控制工程进度款和质量的重要手段，工程计量与支付的准确与否直接关系项目资金的使用和周转。通过计量支付，可及时确认已完工程的数量和金额，避免因工程进度与支付不同步造成资金失控，和因费用支付不及时造成施工方垫资。施工方每期递交已完工程量报告，并附相应的证明文件，建设方按照现场进度和合同规定进行进度款的审核，并支付进度款。目前在计量与支付工作中存在的主要问题有：

1. 项目进度单确认没有定量标准，主观意识比较强。
2. 计量过程依赖计价软件或者表格，涉及计量期数较多且多方审核，容易出现错、漏、重。
3. 项目人员流动强，计量过程中的数据存储不完善，交接人需要从头梳理每期进度的计量内容及支付金额。

应用目的

通过软件中模型与进度计划的关联，以及模型与预算的关联，建立进度计划与预算的关联关系，可以自动生成审核预算，同时导入送审，可以形成送审、审核和合同的对比，对于多期可形成累计产值和累计支付，利于项目整体的投资把控。从而使得整个计量和支付过程都可以自动化。

（二）进度管理

在项目实施过程中，各方领导对项目进度只能以抽查或月度检查的方式进行进度管控，无法做到精细化把控进度情况，后续进度管控手段无法落地。通过BIM进度管理可以实现各方领导通过平台实时把控每周、每天进度情况，通过4D模拟技术呈现进度偏差、进度款复核。

（三）质量安全管理

现场监理工程师（施工方配合）利用5D手机端快速记录现场质量安全问题，软件自动将信息推送至责任人进行整改、回复，形成问题闭合的管理流程。后期利用PC端可以基于模型进行问题定位查看、数据自动汇总、一键生成整改单等，大大提高效率。

项目各方领导及管理层利用网页端可实时了解项目质安总体情况、问题闭合情况等；在质量安全例会上，通过软件积累的数据，进行周、月质安情况总结，从而对总包单位进行有针对性的管控。

应用目的

1. 岗位级

1）问题快速记录、查询，解决记录效率问题和数据收集留存问题。

2）流程自动跟踪、提醒，所有问题均做到闭合管理，避免遗漏。

3）整改通知单自动生成，无须二次劳动，节约工作量。

2. 项目级

1）增强各方的沟通效率和准确性，方便监督管理。

2）通过例会定期对问题趋势、类别、责任单位等进行讨论分析，能够快速了解现场主要问题，从而制定针对性措施规避问题发生，提高现场的管理水平。

3）管理过程留痕，数据自动统计、归类，解决目前项目管理体系中质安报表填报不及时等问题。

3. 公司层面

1）通过网页端即可查看项目相关的质安问题与巡检情况，节约沟通成本。

2）对于公司重要的质量和安全管理文件可以通过平台直接发布至项目和个人。

3）相关质安问题都有查阅记录，提高了管理效率。

4）手机 App 端可以直接拨打电话给对应的责任人，项目各个参与方对接更加流畅。

相关问题的类型、状态等都可以通过手机 App 提交的数据自动完成分析，为企业决策层提供有力的数据支持。

重大危险源控制

重大危险源控制是监理工作的重点之一，通过扫描软件二维码对现场的重大危险源进行控制。对于重大危险源管理，需要按照监理规范制定检查监测标准，设置检测时间、检测人员、检测次数。现场监理根据制定好的指标对项目进行检查，对检测的数据上传服务器。

总监或现场管理人员，通过软件可以远程得到每次检查的结果。通过预警功能，能够及时知道相关不符合标准的指标，并对相关指标进行及时的处理。定期对相关指标进行总结，找出容易出现问题的地方，避免在其他地方出现类似问题。

（四）安全巡检

将现场危险源进行识别，设置巡视要求并分配给相关责任人。后期在现场危险源部位张贴二维码，责任人按照要求频率进行巡视，扫码记录巡视内容，如有问题通过手机 App 直接发起问题，责任人整改落实，流程闭合。

应用目的

1. 规范安全工作流程及作业要求，避免管理人员经验不足，造成安全检查疏忽。

2. 危险源实时监管，现场问题过程记录、整改，大大降低安全隐患。

3. 巡视数据自动收集、汇总，提升工作效率。

4. 与传统巡检牌配合，既解决了人员巡检的真实性问题，也解决了数据汇总整理的问题，很大程度上减少了工作量。

（五）基坑监测

1. 基坑支护锚索检测

针对现场的锚索长度、灌浆质量以及完整性检测，解决现场灌浆工艺、设备及操作造成的灌浆质量缺陷。即断层、空洞、不密实等问题。通过采用设备的进口微型化传感器，独特的传感器耦合、激振以及高度化的信号分析技术，使得测试精度、稳定性等方面检测更加精确。为下一步开展的第三方拉拔检测提供更精准的针对性检测，从而使得整体基坑安全性得到较大的提高。

2. 基坑冠梁混凝土质量检测

针对现场混凝土强度用回弹法检测不够准确的问题，以弹性模量为基础，采用 Sigmoid 曲线拟合弹性模量与强度关系，通过测试弹性波波速来检测混凝土强度的无损检测，能真实地反映出混凝土内部强度受混凝土表面情况及混凝土碳化的影响较小，测试结果可靠性更高。目前基坑护坡施工阶段混凝土的施工面较少，对整体工程混凝土的质量把控不足以代表问题，随着后期的主体施工混凝土的质量检测才能得到更详细、更完善的数据。

3. 利用三维激光扫描进行基坑护坡位移监测

常用的方法有使用全站仪、水准仪设备进行水平位移和沉降监测。在进行变形监测时，通过控制点建立控制网，然后进行变形点监测。采用经纬仪和全站仪进行观测，存在以下缺点：

1）监测点布设一般是每隔 20m 布设一个点，这种观测是单点观测，监测得到的数据是孤立点信息，相邻监测点之间的变形信息无法得知，认为相邻两个监测点之间的变形是线性变化的，与实际不符，实际上变形是非线性的。

2）当测点较多时，特别是当基坑表面发生大变形时，无法捕捉变形点实时信息，而且由于观测是逐点观测，耗时、耗力、耗财。

3）获得的数据一般以 Excel 表形式呈现，需要具体工程人员进行甄别，才能获得数据隐藏的信息，因此，信息化和可视化程度低。

4）受施工影响较大，当坡顶地方狭窄无法布设监测点和基准点时，会导致监测信息无法反映施工进度下基坑的安全状态。

5）由于经纬仪和全站仪仪器误差，使得在外业进行长时间观测时，受环境影响大，经常出现监测结果不满足要求的现象，需要进行反复测量。

为了加强基坑护坡施工的安全性，

公司采用三维激光扫描仪扫描建模的方式，通过每天一次扫描建模与上次扫描模型进行重叠对比找出变形值，以及与第一次扫描模型重叠对比找出变形累计值，结合规范要求形成整体位移监测记录数据，从而对整体护坡进行分析，做到及时观测，提前预警，将边坡的安全当作工程的头等大事。

（六）远程监控管理

现场安装远程监控摄像头，通过管理平台接入现场摄像头，实现网页端及手机端远程查看。在施工过程中，现场监理人员不方便监控的区域或者高危的地方，可以通过摄像头实时对项目施工进行监督。在具有重大危险源或特殊专项工程施工时，可组织专家对现场人员进行远程指导和监督。

应用目的

1. 实时远程监控项目的情况。

2. 专家团队可以远程对项目进行指导。

（七）无人机远程督查

公司项目众多，又分布于全国各地。商丘市金融中心项目作为公司的重点项目，为保证其进度及质量安全，公司总部需要定期地对项目进行无人机远程督查。通过远程视频连接无人机系统，利用5G网络高带宽、低延时的特性，对现场进行无人机远程现场直播。再通过通信设备与现场无人机操作人员远程通话沟通和无人机远程360°全景摄像头，实现对项目不同位置和角度进行督查。

（八）资料管理

资料是项目建设过程中的唯一真实证据，是建设项目从项目建议书、可研、立项、批复、招投标、工程施工、竣工验收到投产使用过程中形成的，以文字、图表、录音、影像等形式存储的文件，是项目竣工验收、结算、审计、维护、改扩建的重要历史依据。工程资料的准确性、完整性和真实性是资料管理过程中的重点。然而，实际施工过程中，资料管理往往被忽视，造成资料缺失严重、存储不实。在资料管理中存在的问题：

1. 对资料管理的重要性认知不足。在建设过程中关注点主要是质量、成本、安全、进度等四要素，对于资料的形成、收集、整理、归档往往忽视。

2. 缺乏系统性资料管理的责任人。由于项目建设周期较长，资料分散在不同部门和不同专业工程师手中，缺乏统一的资料负责人。

3. 各参建单位缺乏资料配合意识。由于各参建方和业主的目标、利益不同，每个人都只会提供对自己有利的资料信息，往往导致资料不完备。

4. 资料烦冗，易被替换。项目建设过程中纸板资料堆积如山，如果所有文件都要存储成电子版，需要扫描，浪费时间，而且容易被替换。

应用目的

借助平台，所有工作流程和审批流程基于网络环境，在实现无纸化办公的同时，保证所有的工作业务及审批业务的资料都存储在云端，保证资料的准确性、真实性，同时也能实现所有资料统一存储在一个平台，通过权限设置，不同部门不同专业的人员可以实现资料共享。

三、项目总结

通过在本项目监理信息化管理中的不断摸索和实践，使计量支付审批更合理科学，避免质量安全问题，节省沟通协调成本，对重大危险源做到施工前模拟规划，施工中实时监控，避免质量安全事故的发生。目前项目处于基坑开挖及基坑支护阶段，在接下来的项目实施过程中，要坚持用信息化手段管理项目，敢于创新，使监理信息化在项目中落地生根。

上海天文馆项目全生命周期BIM应用与管理

上海市建设工程监理咨询有限公司

一、项目简介

（一）工程概况

上海天文馆总用地面积5.86公顷，总建筑面积38163.9m^2，包括地上面积25762.1m^2和地下室面积12401.8m^2。主体建筑采用钢筋混凝土结构、钢结构、铝合金结构交杂而成。

（二）项目难点

1.建筑造型上的曲面化导致建筑设计复杂

本项目建筑造型复杂，外形多为球体、椭圆体，以曲面为主。建筑内夹层多、中庭多，空间多有穿插，通过常规二维平、立、剖的方式很难表达清晰。

2.契合造型的结构搭建困难

天文馆造型独特，结构的搭建不仅要满足建筑内外空间的延续性和美观性，还需满足受力荷载的结构安全要求。主体建筑结构形式由钢结构、混凝土结构组成，结构材料多样，构件尺寸变化大，对结构构件的选择、结构的承载能力要求极高。利用空间结构模型进行详细准确的结构分析计算，比选设计方案，确保结构的安全性和经济性。

3.建筑空间与布展陈列的有机融合

作为博物馆类型项目，展示空间要做到整齐美观，做到展示信息及内容的陈列。为配合展示功能布局，设备管线的排布尤为复杂。展品需要在三维建筑空间中进行仿真演示，从而展现与建筑空间的融合程度和观感效果，达到最佳展示效果。

二、基于BIM的全生命周期应用

（一）基于BIM的设计阶段应用

在建筑设计领域，目前BIM技术已获得广泛认同，基于建筑信息模型技术的三维设计将取代传统的二维计算机辅助建筑设计方式，是未来建筑设计的主流。上海天文馆项目设计复杂，运用BIM技术可在设计过程中直观地发现设计图纸中的"错、漏、碰、缺"，同时进行一系列的性能化分析，从而提高设计质量并实现项目绿色节能减排的要求。

1.三维协同设计

项目确定了二维设计人员负责设计强条控制，BIM设计人员负责专业协调及建筑效果的设计分工。以外方设计团队提供的方案阶段三维模型为基础，剖切生成二维图纸并上传至协同平台。二维设计人员通过协同平台获得BIM设计提资后，进行扩初设计和施工图设计，将二维设计成果上传协同平台。BIM设计人员通过协同平台获得二维设计反提资，深化和完善方案阶段BIM模型，二维和三维深化交互进行，最终完成设计。整个三维协同设计工作流程如图1所示。

BIM设计人员与二维设计人员协同工作，应用三维模型及软件的碰撞检查、虚拟漫游等功能，快速帮助设计单位检查模型，及时协调解决设计冲突，包括各专业之间以及专业内的"错、漏、碰、缺"，例如土建专业建筑结构墙体错位碰撞，从而保证图模一致。对于复杂节点，如异型幕墙、钢结构的设计，很难确定其在平面上的投影位置，通过剖切三维模型得到定位点和定位线，提交二维设计人员完成图纸绘制。BIM技术的应用，使得大量设计协调工作得以提前。通过各专业工程师协同工作、紧密配合，提高了设计质量。

2.建筑性能化分析

上海天文馆项目作为大型公共类展馆承载着绿色环保及成为世界可持续发展建筑设计典范的使命，项目在设计之初就明确了LEED绿色建筑白金、三星建筑评级等一系列标准要求，运用BIM模型进行了包括室内外通风环境、自然采光、日照、人流疏散等一系列性能化

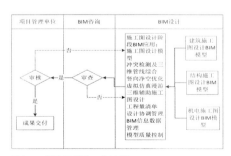

图1 三维协同设计工作流程

模拟分析，确保项目的设计方案达到绿色节能减排的要求，同时也能满足人体舒适性及大型场馆建筑的安全疏散要求。

（二）基于BIM的施工阶段应用

在项目设计阶段，BIM技术已经得到广泛应用，但往往会出现施工阶段无法延续或由于项目工期紧张造成BIM技术的实施无法真正落地的情况。上海天文馆项目明确要求施工总包、监理、各专业分包单位必须运用BIM模型进行设计深化、现场交底，并写入招标要求中，真正做到BIM技术全覆盖。

1. 基于BIM模型的深化设计

施工阶段在设计BIM成果的基础上对模型进行进一步的深化，建立了建筑、结构、机电、钢结构、幕墙、弱电智能化、室内精装及景观专业深化模型，最后整合成项目竣工模型。根据设计变更及现场实际情况动态更新模型，整个施工阶段都运用BIM三维可视化进行技术协调工作；例如为现场钢结构深化埋件定位、设备机房与控制室的空间关系等现场技术问题提供了可视化解决方案。通过BIM模型发现解决了劲性柱连桥碰撞及幕墙深化碰撞总计41项技术问题，为深化设计及施工交底提供了数据基础。

2. 现场进度、质量、安全可视化交底

由于本项目建筑设计外观奇特，部分区域结构复杂，因此对施工工艺的要求非常之高，特别是球幕影院及大悬挑区域的钢结构吊装施工是项目建设的重点难点。本项目运用BIM模型制作了球幕区域及大悬挑区域钢结构施工专项方案模拟动画，将这两块区域的钢结构施工及拼装方案展示出来，包括钢支撑的搭设、定位及卸载、桁架的吊装组合、钢结构节点安装等一系列复杂工艺，在施工前进行可视化技术交底并在过程中不断深化，切实为本项目钢结构施工的顺利完成提供了技术保障。

多种新技术设备的应用360°无死角地对项目进度、质量、安全进行监控，无人机从高处跟踪现场总体施工进度与三维进度模拟进行比对；建立安全配置模型预先做好安全风险防控；每周进行现场一致性核查比对，将质量验收表单挂接至模型中；做到进度、安全、质量三维可视化交底，杜绝施工隐患。

（三）基于BIM的运维阶段应用

项目运维阶段在BIM竣工模型的基础上构建运维信息模型，开发并建立以IBMS可视化系统平台为数据基础的智慧运维管理系统，制定运维管理方案和管理机制；提高建筑设备、空间和资产的信息化管理水平，降低运营管理的成本。

1. 上海天文馆BIM运维方案

根据上海天文馆建设世界一流天文馆的建设目标以及打造"多馆合一，智慧运营"的运维目标，结合项目实际需求编制了一整套的BIM运维方案作为指导方向，从系统架构、运营模型处理方案、资产管理、系统数据对接、设备维护、能耗管理、建筑体维护、安全管理、后期维护升级等多个维度全方位部署运维阶段系统平台的BIM实施，为运维阶段工作的开展奠定基础。

2. 基于BIM的IBMS可视化系统平台

项目现已完成基于BIM的IBMS可视化系统平台的现场搭建工作（图2），各子系统数据对接工作也已接近尾声，系统秉持"扁平结构、集中协调、分散监控、统一界面"的设计理念，将传统的二维IBMS系统与BIM技术进行有机融合，结合图形、三维BIM模型、地理、图标和二维地图方式通过现场大屏展示进行表现。

三、基于BIM的全生命周期管理

（一）基于BIM的管理目标

BIM技术的高效应用离不开高质量的管理，上海天文馆作为上海市重大工程项目，其影响力不言而喻；本项目进行了全面的BIM策划工作，从而保证BIM技术在项目建设全生命周期得到应用落实。通过基于BIM的项目管理，形成"设计先行、精益化建造、智能化运维"的项目应用特色，努力打造上海市BIM技术应用与管理案例的典范。

（二）"四个一"的理念

为建设"世界一流、智能化"的上海天文馆，项目将BIM技术与项目管理深度结合，提出了"四个一"的BIM管

图2 基于BIM的IBMS可视化平台

理理念，即"一个模型、一个标准、一个平台、统一管理"。

1. 一个模型

模型质量的管控及不同阶段模型的迭代传递是本项目"一个模型"管理理念的主要体现，在设计阶段建立起一套完整的BIM成果审核机制及管理体系，发现设计问题并通过Navisworks模型视点与二维图纸相结合的方式形成设计问题核查报告；在施工阶段对模型进行拆分深化、质量审核，优化和深化设计。通过从设计、施工到运维阶段基于一个模型的传承、深化和应用，保证BIM数据的一致性、准确性和完整性，避免重复建模。

2. 一个标准

基于一个标准的BIM管理理念，在项目实施前制定了BIM实施策划及适用于各阶段、不断深化、统一的BIM实施细则等一系列管理文件，规范了各参与方BIM工作的应用深度、技术标准及内容成果。

3. 一个平台

为了实现项目参建各方的高效协同工作，项目从建设之初就搭建了基于Autodesk Vault开发的BIM协同平台，实现基于数据管理的BIM协同实施，各参与方共享工程数据信息。项目分别在两个异地机房中搭建了两个数据服务器，做到双备份，保证信息数据的安全。为了秉承"线上、线下同步进行"的工作原则，通过编制Vault执行报告监督参建各方用好协同平台，为运营维护阶段提供信息支撑及数据保障。

4. 统一管理

项目制定了BIM管理流程，并将BIM技术要求写入参建各方的招标要求中，真正做到全员参与BIM，通过制定双周工作计划、进行一系列宣贯培训、编制BIM周月刊管理文件、召开各类技术专题汇报会议等手段对项目BIM工作进行统一管控，各参与方在统一的管理和协调下，各司其职开展各项BIM工作。通过对项目质量、进度、成本进行BIM治理，保障BIM价值。

（三）BIM协同模式和组织方式

1. 协同模式

利用Autodesk Vault项目管理协同平台对上海天文馆项目建设信息和数据进行协同管理，通过自建的服务器实现对各项工作流程的管理和控制，对校核和审批权限进行管理，解决了共享文件夹及中心文件中存在的文件版本控制安全的缺陷。项目管理协同平台可辅助进行工程项目数据管理，实现不同专业团队之间的有效协同设计工作。该平台通过统一的大数据处理机制，在项目工程数据和项目管理数据之间架起桥梁，实现不同层次的数据集成，使各阶段建设数据信息保持一致，从而达到对整个项目建设过程进行数据信息管理和控制的目的。

2. 实施组织方式

本项目的实施组织方式采用以建设单位为BIM实施主导，BIM顾问单位负责全生命期BIM应用与管理的实施模式。充分利用BIM顾问单位的BIM应用技术及管理咨询服务优势，建立以BIM顾问单位为BIM实施和信息管理核心的组织架构（图3），做到指令唯一、职责明确，保证项目的顺利开展。

（四）实施成效

事实证明全生命周期BIM应用模式及"四个一"的BIM管理理念实施颇具成效，主要体现在：①设计变更与同类项目相比减少12%。②决策效率与同类项目相比提升14%。③由BIM团队汇总提出的施工阶段问题清单占60%。④由BIM技术发现和解决的设计变更占70%。⑤重大技术难点BIM团队参与率达到100%。⑥专业深化设计（机电、钢结构、幕墙）BIM使用率达到100%。这些管理成效得到了建设方和参建各方的一致认可，并已推广至其他项目中。

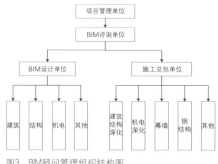

图3 BIM顾问管理组织结构图

结语

为实现建设"世界一流天文馆"及"多馆合一、智慧场馆"的宏伟目标，公司结合上海天文馆项目的自身特点，利用信息化手段提升项目管理水平，进行覆盖全生命周期的BIM应用管理，通过BIM技术提升设计效率、施工质量及运营管理水平。本文简要介绍了项目实践的经验心得，在积极推广BIM技术应用的同时，为今后大型公共展馆类建设项目在BIM应用与管理的实施上提供参考和借鉴。

参考文献

[1] 张利军, 母传伟. BIM技术在项目设计中的应用[J]. 建筑技术开发, 2015, 08 (42): 19-22.
[2] 黄亚斌. BIM技术在设计中的应用实现[J]. 土木建筑工程信息技术, 2010 (4): 71-78.
[3] 岳杰. BIM技术及其在建筑设计中的应用[J]. 四川建材, 2011 (5): 270-271.
[4] 封鬟. 基于BIM技术的建筑结构协同设计探讨[J]. 建材与装饰, 2016 (10): 134-135.
[5] 张东升. BIM在设计中的应用：设计阶段的BIM等级分析[J]. 建筑技艺, 2016 (6): 30-35.
[6] 姚远. BIM协同设计的现状[J]. 四川建材, 2011 (1): 193-194.

两全一站融合共进的全过程工程咨询

——西安幸福林带项目全过程工程咨询试点实践

陕西中建西北工程监理有限责任公司

西安市幸福林带项目是全球最大的地下空间综合体，也是全国最大的城市林带景观建设项目。项目包含地铁工程、市政道路、风景园林、地下管廊、地下空间开发（地下停车场及商业开发）、智慧城市、海绵城市等复杂内容的城市基础设施综合改造，总投资约200亿元。

一、两全一站融合共进的全过程工程咨询

幸福林带全过程工程咨询工作由中国建筑西北设计研究院（中建西北院）和所属陕西中建西北工程监理有限责任公司共同完成。项目主要包括前期策划、地下空间及景观设计、设计管理、现场管理、BIM全过程应用等五大板块业务。在幸福林带项目的定位和落地过程中，用全产业链资源整合和全生命周期关注在西北院平台上一站式完成的"两全一站"商业模式，科学系统地回答了建设一个什么样的幸福林带、如何建设幸福林带等问题。

二、咨询服务全产业链整合的全过程工程咨询服务机构

两全一站、融合共进的全过程工程咨询是中建西北院联合监理公司试点探索的全过程工程咨询服务模式之一。它整合了咨询服务中的策划、设计、设计管理、现场管理、BIM全过程应用等服务。它的实践包含建筑师负责制和全过程咨询的双重探索。在不同阶段，设置了不同技术背景的项目领导。项目策划和设计阶段，由院总建筑师、全国工程勘察设计大师赵元超负责策划和设计技术工作；项目建筑阶段，由院纪委书记赵政负责项目管理协同工作，建筑师指导下的技术与院级领导负责的管理，共同组成全过程工程咨询服务机构。两位领导是履约管理的最高决策领导，能统筹协调院内参与幸福林带项目工作的各业务板块，调集各方资源，及时解决项目上的各类组织问题。

全过程管理主要涵盖项目现场技术服务、设计管理、现场管理、BIM技术应用等工作，统筹管理与设计技术之间的接口。

三、"两全一站"式商业模式促成幸福林带以PPP+EPC形式落地

在西北院"两全一站"商业模式指导下，项目大胆提出集策划、投资、设计、建造、运营"五位一体"的全产业链融合模式，创新性地提出采用PPP+EPC模式实施并制定了详细工作方案。既解决了投融资及运营问题，又在建设过程中充分发挥工程总承包商技术及管理优势，合理控制项目成本，保证项目工期及质量，降低投资风险。将技术与管理有机融合，提升了政府前期决策效能，加速了项目落地实施。

四、"四位一体"城市发展理念指导下的前期策划

幸福林带位于西安市城东综合改造片区 23km² 范围的核心位置，在前期策划中，对周边所辐射的改造区域未来的总体城市风貌、功能定位、产业导入、历史文化、建筑形态等因素进行综合论证研究，再以此为基础对项目方案进行综合统筹设计。按照集城市规划、城市设计、城市建筑设计、城市基础设施设计"四位一体"的城市建设理念，在深入研究论证的基础上，将幸福林带策划为既充分体现先进的城市发展理念，又担负起"丝路起点、幸福地标"时代使命的项目，为政府决策提供了充足的依据。

幸福林带全过程工程咨询团队主导完成了项目建议书与可行性研究报告、总体规划与修建性详细规划编制、各专项规划编制、产业研究、商业策划、交通综合分析评价等多个子项课题研究。

整合西安市规划院、铁一院、西北市政院、西安市古建园林院、若干商业与产业策划等团队，将幸福林带绿化景观设计、地下空间及城市配套物业开发、市政道路改造、综合管廊建设等统筹考虑，将海绵城市、智慧城市等先进理念融合其中，形成了以突出林带"绿色"主题为基础，打造区域综合立体交通体系为纽带，融合先进城市规划建设理念为依托，满足城市居民需求和完善区域产业形态为根本的综合设计方案。

五、"四性融合"的设计与设计管理

幸福林带项目体量大、涵盖业态多、技术复杂，参与设计的单位和部门多达20余个。面对错综复杂的设计与技术管理问题，将科学性、文化性、时代性和地域性"四性融合"在项目设计中，强化到设计管理中去。

在院内设计管理方面，项目针对承担的地下空间设计、园林景观设计、精装修设计等部分进行组织管理。统筹院内各专业资源，设置建筑、结构、给排水、暖通、电气、总图、景观、精装修、专项课题研究（城市设计、景观节点、交通与基础设计、重大节点综合设计）等若干个技术工作组，协调推进设计院设计范围内的各项设计工作。公司监理深入施工现场，按照进度计划，提醒与监督各部门按时提交设计成果；对于未按时完成的工作，负责对项目公司解释原因，并积极寻求解决办法。组织全专业进行现场服务工作，施工现场发生的问题第一时间汇总至设计协调部，调查研究后，交由相应人员处理，并跟踪处理过程。

在院外设计协调管理方面，针对项目参与设计单位众多的问题，抽调各专业设计技术人员负责协调管理幸福林带建设工程所涵盖的规划、勘察、迁改、地铁、管廊、市政道路、地面建筑、地下空间和园林景观等设计工作，履行设计总负责人义务，有效地推进各设计参建单位设计工作进度。

公司负责对接政府、配合业主，为办理建设手续提供技术支撑。同时对接规划、发改、地铁、消防、人防、园林、电力、地震等主管部门，帮助业主完成项目规划、可行性研究审批流程，完善消防设计，配合人防审查，解决林带施工中地铁保护方案问题，协助确定林带绿化率，解决电力设计前置条件，将应急避难场地融入景观总图设计中等，配合项目公司办了各类建设手续。

公司与项目公司规划设计部对接，协调管理全专业、全设计阶段设计任务和内容，随时协调解决各专业设计问题，并组织各专业、专项内容汇报；根据项目公司招商运营部要求对物业管理用房、商业用房和地下车库的相关信息进行优化和统计，确保招商工作顺利进行；根据项目公司合约部要求，对电梯、空调机房等二次设计内容参数进行统计和总结，会同合约部对厂家提出详细的技术要求，确保产品质量功能符合林带项目需求；确定定样表，提供招标技术条件。

六、项目协同服务系统（PCSS）支持下"融合共进"的现场管理

基于幸福林带项目的PPP特点，项目公司和总承包部大部分成员都有十多年现场项目管理经验，参建企业均为中建集团下属子公司。一般的项目管理公司很难或无需发挥作用。

为了切实发挥作用，公司在细分析、找差异、立优势的原则指导下，认真分析现场咨询服务的优势和劣势，为了提高管理效率，减少"多重管理"对现场的"干扰"，通过一年多实践和演变，不断调整现场项目管理的组织和工作模式，与项目公司和总承包部一起，形成了"融合共进"的协同型组织。

在现场管理过程中，公司借助项目协同服务系统，根据项目推进情况，现场服务角色逐步从低到高，完成"信息提供者""决策跟踪者"到"项目管理者"和"技术支持者"的转换。

（一）依靠信息化系统开展现场管理工作

现场管理团队在现场使用自主研发的项目协同服务系统（Project Coordination Service System，PCSS）开展工作，聚焦项目，通过管理人员工作行为数字化采集，解决传统项目管理过程中项目信息不真实、数据不充分的问题。

现场管理团队与业主、总包团队共同工作。从基础做起，统筹项目信息规划，做好项目信息的收集、整理、归类和应用，逐步积累了信息优势，形成信息壁垒。借助项目信息数据，最快、最准确地提供各类现场质量、安全、进度、管理信息和资料，现场管理班子成为林带现场建设"信息中心"，通过现场管理团队在项目信息规划和应用中的优势，牢牢确立了陕西中建西北工程监理有限责任公司在幸福林带现场管理中不可或缺的基础地位。

（二）信息提供者

1.公司紧紧抓住技术信息的"牛鼻子"，现场派驻设计总工程师和以设计人

员为主的现场配合团队，促进现场施工与设计技术信息的高效衔接，及时发现、沟通、处理设计问题，确保工程进度不受影响。

2. 牢牢掌握现场真实信息，每日现场人员采用跟踪巡视、无人机飞检、视频监控、网格化管理、重点事项督查等手段，通过项目协同服务系统对现场工程进度、治污减霾、机械运行、完成产值等方面实时跟踪，每天对施工情况进行通报，提供及时有效的项目现场信息，对幸福林带项目建设起到了重大的推进作用。

3. 管理公司现场人员将现场采集的进度、质量、安全、管理等信息即时反馈到协同平台中，形成及时、流畅、真实的项目信息流，将项目现场信息透明化，消除了传统信息系统割裂所造成的信息阻塞和失真，创造性地颠覆了传统的建设现场管理方式。

（三）决策跟踪者

项目各级领导作出的决策，借助项目协同服务系统重点事项跟踪功能和现场管理团队良好的执行力，可以及时有效分解下去，反馈上来。

认真反映问题，真实反馈结果；项目决策落地有声，执行有力。

（四）项目管理者

1. 在质量管理方面，建立健全质量管理体系，督促检查各施工单位质量管理体系有效运行，监督监理单位完成基本监理工作。按照日巡视、周通报、月考核原则，对现场进行质量跟踪管理，及时在四级网格群里进行通报整改。同时以设计为依托，按照设计院设计人员服务现场工作标准，积极配合参与现场质量管理，设计人员定期对现场施工情况进行检查，从设计要求方面，检查现场施工质量，确保施工质量符合设计要求。

2. 在安全生产管理方面，公司协助项目公司建立安全生产管理体系，督促各参建单位建立安全生产管理体系，审核安全生产管理相关资质，制定安全生产管理考核办法，督促监理单位履行安全职责。

安全生产管理遵循日巡视、周通报、月考核原则。建立健全项目网格化透明管理，对每日巡视存在的安全隐患，及时在四级网格群里进行通报整改，每周将安全生产管理情况汇总通报，每月对安全生产管理情况进行考核。将发现问题、督促整改、整改复查作为安全生产管理的标准动作，持续改进，保证现场施工安全。从开工至今，施工现场未出现安全生产事故。

3. 在进度管理方面，编制总体进度计划，协调各工区各专业工序衔接及子计划编制工作，对各单位编制完成的计划进行汇总审核并跟踪落实计划执行情况。采取网格化管理方法，将现场划分为15个施工段，将每个施工段作为一个独立项目实施管理，以施工段为进度跟踪对比对象，对现场实际施工情况进行全方位跟踪对比。同时采取无人机巡视手段，对现场进行巡视对比，直观反映现场施工进度。公司采取现场监控系统全覆盖，在施工现场安装监控装置，实时对现场施工情况进行监控反馈，对重点部位施工情况实时监控。

4. 在资料管理方面，按照相关规范标准建立统一的资料管理体系，编制资料管理办法并对各工区进行交底。全面管理中建幸福林带项目公司和总承包部有关施工和总承包部的工程资料，借助项目协同服务系统，所有资料都线上、线下双存档。期间，项目顺利通过中建总公司、中建西北区域总部、中建西北院、陕西中建西北工程监理有限责任公司的有关检查。

5. 在监理单位管理方面，公司充分发挥监理单位作用，明确关键工序中工区、监理、管理的职责并监督落实。现场发现问题及时通报给监理和各工区项目部，督促监理和各工区项目部履行各自职责。

（五）技术支持者

借助中建西北院强大的设计技术团队和驻场设计服务班子，及时解决现场设计问题，同时借助现场管理团队的先进管理手段和理念，汇集陕西施工技术优势资源，指导现场工作，分阶段解决现场施工难题。

根据施工情况，防水施工前，请专家讲防水工程做法；施工过程中，多次请专家结合幸福林带实际开展安全生产讲座；定期对现场50多台塔吊进行爬塔检查；请专家结合使用情况，讲解主要施工设备的安全管理；请专家对幸福林带全线创建"鲁班奖"进行跟踪指导；请专家对幸福林带全过程创建文明工地进行指导。

不同阶段，公司结合现场工程进展，充分利用内外资源，有效引导项目向优质、安全、高效方向展开，组织实施并具体跟踪落实。现场管理团队角色已逐步从基础的信息提供者，进化到项目的技术支持者，全面融入幸福林带项目公司和总承包部项目管理体系之中，"融合共进"的组织模式，确立了全过程工程咨询在项目施工阶段的核心地位。

七、BIM技术应用

本项目BIM应用具有四大亮点：一是针对项目特点分阶段进行BIM应用策划，二是建立了设计与施工应用融合的标准体系,三是辅助决策,四是幸福林带的 BIM 应用获得了社会认可。

(一)BIM 策划及分阶段 BIM 辅助优化

初步设计阶段:由于幸福林带的幸福路与万寿路两条路面高度呈麻花状高低起伏,通过 BIM 技术整体优化了项目设计标高,将 A 区整体抬高 0.8m,B 区整体抬高 1.2m,C1 区因室外排水管道净高不足,整体降低 0.8m,仅此就节约土方约 $5 \times 10^5 m^3$,节约造价约 5000 余万元。

施工图设计阶段:建立包括室外总体、市政道路和绿化景观等 BIM 模型,综合优化防火分区、机房位置、集水坑位置、机电各管线路由、空间净高以及不同业态交叉口的综合衔接等内容,充分发挥 BIM 逆向控制设计的优势,产生经济价值约 9000 万元。

设计阶段的 BIM 应用,消除了大量传统施工图设计的"错、碰、漏、缺",减少了施工阶段的工作难度。在施工阶段,采用 BIM 技术进行了装配式机房的设计,现场单个机房施工周期通常在两个多月,通过整体装配式机房的设计和实施,预计 10 天即可完成,大大节省现场消耗时间和人工投入。

(二)建立设计与施工应用融合的技术标准体系

在项目策划阶段,公司通过与设计部门、工程局、安装局、软件公司以及运维公司等进行充分沟通,确立幸福林带整个项目的"实施方案"。科学分配 BIM 建模和 BIM 应用工作。将 BIM 建模过程分为设计、施工两大阶段,合理划分各阶段建模深度,避免过度建模,以"专人专事"和"时效性"为原则,分别建立设计 BIM 阶段和施工 BIM 阶段的各项 BIM 标准,两个应用标准为非独立、互为补充、逐步递进,构成了 BIM 标准体系。实现了设计与施工阶段模型、信息的传递。确保设计 BIM 模型信息的准确性和可延续性,确保施工 BIM 应用的可落地性和可指导施工性。

(三)BIM 技术辅助决策

在方案阶段,通过 BIM 技术模拟、VR 技术展示、空间净高检查等辅助设计方案比选,提高甲方决策效能。针对幸福林带下沉广场部位冬季极端天气下冷风对商业环境的影响进行模拟,确定了合理的方案,提高了游客的舒适度。

在施工阶段进行各类施工模拟、空间关系演示等,协助施工单位交底。

(四)幸福林带 BIM 应用获得了社会的认可

幸福林带 BIM 应用成果获得中国勘察设计协会第八届"创新杯"建筑信息模型(BIM)应用大赛——优秀商业综合体 BIM 应用奖。获第一届 WBIM 国际数字化大奖,获奖评语为"中建西北院提出的'两全一站'EPC 的商业模式,利用生态系统意识不断开创业务创新,颠覆了原有技术水平和运营模式,具有极强的应用价值。"

结语

幸福林带项目全过程工程咨询服务实践,对决策、设计、施工准备和施工阶段的咨询服务形式进行了有益的创新性探索。

(一)幸福林带项目落地得益于国家 PPP 和培育全过程工程咨询的政策环境,得益于中建西北院全产业链资源整合能力,是中建西北院集全院之力创新服务的实践,是中建西北院"两全一站"式商业模式应用的成功典范。

(二)在"四位一体"城市发展理念和"四性结合"的建筑设计理念指导下的幸福林带项目成为西安市城东片区综合改造的灵魂,为西安市城东片区发展奠定了良好的基础。

(三)"两全一站""融合共进"的全过程工程咨询服务,把市场价值最大化。

(四)全过程工程咨询单位在 PPP 项目上与业主和总承包单位"融合共进"的共同管理模式,是提高现场管理效果的有效手段,是施工阶段全过程工程咨询服务试点的新思路、新创举。

(五)信息是项目建设的血液,是参建单位的纽带,全过程工程咨询离不开信息的有效收集、高效传递和及时有效的数据处理能力。

(六)项目协同服务系统为监理人从"信息提供者"和"决策跟踪者"到"项目管理者"和"技术支持者"的角色转换提供了高效实用的现场信息管理平台。

(七)全过程的 BIM 应用,能提升设计水平,减少设计缺陷,改变设计现状,为节约投资、精益建造打下不可或缺的基础。

全过程工程咨询是勘察设计类、咨询类监理企业在建筑业改革升级的背景下进行转型的一条有效途径。开展全过程工程咨询服务,应牢牢抓住自身的技术优势,依托优势,整合资源,拓宽服务领域,为项目和业主提供真正意义上的"一站式"服务。

幸福林带项目的全过程工程咨询服务涵盖内容众多,试点工作取得了一定的成果。在沟通协调、工作界面梳理、激励机制、调动设计人员积极性、部门间紧密配合、设计与现场间配合等方面,有较大的研究与提升空间。

浅谈高压注浆及强力锚索加固技术在胡底煤矿巷道支护中的应用

王飞

山西煤炭建设监理咨询有限公司

一、加固方案的确定

胡底煤矿巷道刚掘进不久便产生变形损坏，对现场生产、地质条件和围岩结构进行详查后发现事故原因为巷道围岩压力大、结构破碎松软。大量工程实践表明，单一的加固方法不能有效控制此类破碎围岩因长期蠕变导致的进一步损坏，此类巷道的加固工程应在恢复围岩内部结构完整性基础上，继续加强对巷道围岩的主动支护。本工程参考了原有支护强度，并结合大量的工程实践，在确保工程质量同时尽量减小工程量的前提下，最终确定采用高压注浆配合强力锚索支护的综合加固方案。

二、注浆加固巷道围岩的原理

（一）高压注浆的目的

高压注浆是充填遭到破坏的巷道围岩内部裂隙，将破碎围岩进行重新组合，提高破碎围岩的承载能力，同时恢复或构成完整的岩体结构，进而形成连续的结构体，以有利于锚杆锚索加固时力的传递，大幅度提高加固质量和效果。因此，注浆加固是整个加固的基础，也是保证加固质量的基本条件。高压注浆后，破碎围岩基本上恢复连续状态，但承载能力仍较弱，注浆施工后必须加强对围岩的支护。

（二）强力锚索加固的目的

在破碎围岩恢复连续性后，对其施加强力的边界条件，使注浆后的围岩具有较强的承载能力，阻止围岩再次被破坏，确保加固后的巷道围岩稳定。

三、围岩中浆液扩散机制

由于该矿巷道围岩破碎程度和裂隙发育程度已经很高，为了提高破碎岩体的可钻性，防止浆液向浅部扩散时大量泄露，影响注浆效果，对围岩表面实施了喷浆。经综合分析，加固注浆过程中主要以充填、渗透注浆为主，同时伴随着注浆压力的升高，出现微小裂隙时，要进行劈裂注浆。

四、加固材料

（一）注浆材料选择

目前，国内外用于注浆加固的材料很多，但从材料的性质上主要分两大类：颗粒型浆材和溶液型浆材。应根据注浆的目的、浆材性质及造价等因素选择适宜的浆材及浆液配比。

典型的颗粒型硅酸盐类水泥浆材，具有结石强度高、耐久性好、材料来源丰富、工艺设备简单、成本较低、注浆设备品种齐全等特点，所以在各类工程中得到广泛应用。但这种浆液容易离析和沉淀、稳定性较差，并且由于其颗粒度大，使浆液难以注入岩层的细小裂隙或孔隙中，且扩散半径较小，凝结时间不易控制。适用于要求强度高，松散、离层明显的破碎体加固。

注浆加固的目的是严格控制围岩的变形，要求注浆结石体应具有较高强度，抗变形能力强。根据注浆材料特点，结合现场围岩条件，注浆加固确定采用水泥基无机注浆材料。

（二）注浆材料构成

正常注浆使用525型号普通硅酸盐水泥，配合XPM添加剂制备素水泥浆，在大范围漏浆进行注浆堵漏时，压注水泥—水玻璃双液浆。

1. 注浆材料配比

水泥浆、添加剂配比：使用XPM添加剂，添加剂用量为水泥重量的8%～10%。水灰比：使用XPM添加剂，水泥浆的水灰比为0.6∶1～1∶1（根据现场注浆情况在小范围内调整）。水泥—水玻璃配比：使用水泥—水玻璃双液浆时，水泥浆配比不变。水玻璃浓度48°～55°Bé（根据现场情况进行调整），模数$M=2.8～3.2$。水泥浆和水玻璃的体积比为1∶0.4～1∶0.6。

2.支护材料

强力锚索：锚索材料全部为 ϕ22mm，1×19股高强度低松弛预应力钢绞线；极限拉断力560kN，延伸率7%。使用拱形高强度锚索托盘300mm×300mm×16mm（带调心球垫）及配套锁具，承载能力不低于50t。注浆附件：注浆管（铝塑管A1216）、橡胶止浆塞、止退钢管。

五、加固方案设计

（一）加固施工顺序

整个工程的施工顺序为先对大巷石门变形区域帮、顶进行扩刷支护和起底，再进行巷道底板加固，最后进行帮、顶的注浆施工。

整体加固顺序：帮顶扩刷支护、起底→底板加固→两帮加固→顶板加固。

注浆加固施工工艺：底板注浆锚索支护→帮、顶水泥浅孔注浆→帮、顶水泥深孔注浆。

（二）巷道的加固方案

1.底板注浆锚索支护：锚索长度为7300mm，其中300mm为外露张拉段。锚索排距2000mm，间距2050mm，分次全长锚固。端部采用水泥灌浆锚固，灌浆锚固长度2000～3000mm，预留第二次注浆张拉预紧段，灌浆完成7天后进行水泥注浆。第一次灌注，锚固锚索底端，注浆压力0。张拉前进行第二次注浆，注浆压力2～3MPa，锚索预紧力不小于200kN。

2.帮、顶浅部注浆加固：浅部注浆钻孔沿巷道断面帮、顶成排布置，相邻两排注浆钻孔三花眼布置。注浆孔排距全部3000mm，间距2000mm。两帮底脚下扎钻孔采用地质钻打孔，钻头直径 ϕ56mm；其余钻孔采用锚杆（锚索）钻机打孔，钻头直径 ϕ36mm。钻孔深度3000mm。巷道轴向两帮底脚注浆孔下扎15°，其余注浆孔全部垂直于巷道围岩表面。全部钻孔采用埋孔口注浆管，孔内下射浆管，全长一次注浆施工。3000mm注浆孔射浆管长度2000mm。注浆终止压力2～3MPa，根据现场情况进行调整。注浆施工过程中，必须保证注浆压力，出现局部漏浆时采取相应措施，堵漏或压水后复注，因漏浆严重导致停注的区域补打注浆孔。

3.帮、顶深部注浆加固：深部注浆方案与浅部大致相同，注意钻孔深度为5000mm，5000mm注浆孔射浆管长度4000mm。注浆终止压力4～6MPa，根据现场情况进行调整。

4.帮、顶预应力注浆锚索支护：巷道在水泥注浆完成施工7天后，进行预应力注浆锚索补强支护施工，锚索长度7300mm，其中300mm为外露张拉段。钻孔深度7000mm±100mm。两帮底脚下扎钻孔采用地质钻机打孔，钻孔直径 ϕ56mm；其余帮、顶锚杆（锚索）钻机打孔，钻头直径 ϕ30mm，其中孔口段采用地质钻机开孔，钻头直径 ϕ56mm，开孔深度3000mm。采用全长锚固，底脚下扎锚索水泥端部锚固，端部采用水泥灌浆锚固。灌浆锚固长度2000～3000mm，预留第二次注浆张拉预紧段，灌浆完成7天后进行水泥注浆。

其余帮、顶锚索采用树脂端部锚固，三支锚固剂，一支规格为MSK2335，另外两支规格为MSZ2360，树脂锚固长度1970mm，其余部分采用水泥浆锚固，张拉后进行注浆，注浆压力2～3MPa。底脚锚索预紧力不小于200kN，其余帮、顶锚索预紧力不小于250kN。

六、加固效果

经过注浆加固后，井下巷道顶底板的变形量为0～330mm，两帮的变形量为7～253mm，巷道的剧烈变形基本上得到了有效控制。

结论

（一）锚杆支护能主动加固围岩，最大限度地保持围岩的完整性、稳定性，控制围岩的变形、位移和裂隙的发展，充分发挥围岩自身的支撑作用，有效改善矿井的支护状况。但是锚杆支护效果的好坏取决于多方面因素的影响，无论哪一个环节出问题，都有可能造成锚杆支护失效，同时锚杆支护具有较大的隐蔽性，对于需要进行锚杆支护的巷道必须要加强工程质量检测并做矿压加测，及时掌握现场实际支护效果、围岩的动态变化，以便于及时调整支护设计，做到超前防范，避免事故发生。

（二）对于锚杆支护的巷道，如果遇到地质构造影响强烈、围岩破碎，巷道围岩原有的支护承载力持续下降，可锚性降低时，与架棚支护相比应优先选择对巷道进行注浆加固。因为通过注浆，可以使开裂破碎的围岩胶结，恢复为具有完整结构的持续体，此时再用锚杆锚索补强等主动支护方式加固，比被动的架棚支护方式更加有效，能够使围岩自身的稳定性和支撑力得到提高，使巷道围岩的变形得到有效控制，保证施工安全。

某工程总承包（EPC）项目现场签证审核管理与反思

乔亚男 山西协诚建设工程项目管理有限公司
白皓 山西协诚建设工程项目管理有限公司，山西大学经济与管理学院

> **摘　要**：文章结合具体EPC项目现场签证审核情况，总结分析了EPC项目现场签证审核管理的注意事项；并在此基础上对影响EPC项目管理的一些因素进行分析，提出联合体承包的EPC项目需要注意合同管理和联合体内部管理等建议，以期能提升EPC项目管理效率。
>
> **关键词**：EPC项目；现场签证；项目管理

一、EPC项目现场签证审核

（一）工程概况

某饮用水水质改善工程EPC工程。工程承包范围包括工程施工地质勘查、初步设计、施工图设计、设备采购与建筑安装工程施工、初步性能测试、初步完工、技术培训、调试试运行、交工验收、竣工验收工程等。该工程为联合体承包，牵头人和设计单位、施工单位三家组成联合体与业主方签订合同。

（二）工程现场签证上报情况

本工程施工过程中，施工单位提出的签证大致分为以下几类：

1. 原报价清单列项特征与实际施工不符，如模板支撑高度原报价未记取超高费，实际施工时10m支撑高度，需要增加超高费；原清单列项管道材质和直径与实际不一致；混凝土需采用抗渗、抗冻混凝土等。

2. 原清单缺项漏项，做法粗略；如辅助用房、办公用房等的装饰装修，不包含诸如防静电地板、外墙找平、台阶装饰面层等，以及缺少散水、坡道、防雷接地等项目。

3. 施工措施费调整。如沉井施工安全措施费、现场场地受限引起的二次搬运费用增加等。

4. 施工方法变更。因高压线影响，场外桥梁桩基施工由钻孔灌注桩改成人工挖孔桩。

5. 甲方要求引起的变更。诸如对原有围墙加高、场外道路维修等。

6. 混凝土价格调整。混凝土运距考虑不足；混凝土标号及抗冻、抗渗性能要求变化等。

7. 拆除类工程签证。

（三）现场签证的审核分析

1. 签证审核依据

现场签证审核主要依据有：①承包合同中有关双方责任划分和风险范围划分条款，以及有关工程变更和合同价款调整的条款约定；②施工过程资料，如监理日志、施工记录、会议纪要、报验单等；③现场签证单的事实描述和图文资料等。

本工程是勘察设计施工总承包，发包人提供了一期施工资料以及项目的可行性研究报告并提出本工程的水处理规模以及出水水质要求，承包人据此提出自己的设计技术方案及报价。合同价格组成清单由承包人自行编制。

本工程总承包合同中有关合同价款的组成及变更调整约定主要有：

1）专用合同条款中有关费用的约定：①合同价格包括签约合同价以及按

照合同约定进行的调整；②合同价格包括承包人依据法律规定或合同约定应支付的规费和税金；③价格清单列出的工作量仅为估算的工作量，不得将其视为要求承包人实施的工程的实际或准确的工作量。合同约定按照实际完成的工程量进行支付。

2）在履行合同中发生以下情形之一，应按照本条规定进行变更：①由发包人提出的工程内容、技术规范和验收标准发生变化；②因执行新颁布的法律、标准、规范引起的变化；③合同约定的其他变更事项。

3）发包人应对其提供的测量基准点、基准线和水准点及其书面资料的真实性、准确性和完整性负责，因其提供上述基准资料错误而导致承包人损失的，发包人应当承担由此增加的费用和（或）工期延误，并向承包人支付合理利润。

在任何情况下，发包人要求中的下列错误导致承包人增加的费用和（或）延误的工期，由发包人承担，并向承包人支付合理利润。①发包人要求中引用的原始数据和资料有错误；②对工程或其任何部分的功能要求有错误；③对工程的工艺安排或要求有错误；④试验和检验标准有错误；⑤除合同另有约定外，承包人无法核实的数据和资料。

2.签证审核结论

基于合同条款约定和隐含的风险范围划分及具体签证单的描述审核如下：

1）原报价清单列项特征与实际施工不符、原清单缺项漏项、施工措施调整、施工方法改变及混凝土价格调整等均属于总承包方风险范围之内，不予签证。

2）由甲方要求引起的变更按照合同约定进行签证组价（其中工程量计算不明确、表述不清的予以退回修正）。

3）拆迁类签证只确认工程量，结算时按合同单价调整费用。

二、EPC项目现场签证审核注意事项

（一）认清EPC项目和施工总承包项目之间的区别。EPC（Engineering-Procurement-Construction）是设计—采购—施工总承包模式，设计和采购通常也在合同承包范围之内，甚至有时会包括工程勘察和可行性研究。这种模式中承包人负责提供设计成果并向发包人负责，承包人发生的设计错误由承包人负责修改实施但是不能索赔。即在EPC项目中非发包人指令引起的设计变更、施工方案变更等都属于承包方的风险范围，不能进行签证索赔。所以监理需要在具体项目签证审核前充分了解合同签订情况，认真研读合同条款，分清合同双方的权责范围和风险承担范围等，以便于分析签证事项是否属于合同范围。

（二）EPC模式主要应用于设计—采购—施工—试运行之间交叉协调难度大、承包人拥有专利或者专有技术、业主方缺少此类项目管理经验的工程。通常在EPC模式下，发包人只提供工程地下管线、测量基准点、场地三通一平等基本资料，以及对新建工程的工程规模、技术标准、要达到的投资目的等进行详细描述，而不会提供工程量清单列表。EPC承包合同中的报价清单列表一般是承包方根据自己的设计方案进行粗略列项计价。这种价格清单与《建设工程工程量清单计价规范》GB 50500—2013中的清单有本质区别。所以在EPC项目签证审核时要特别注意工程量清单提供方是谁，这样才能避免因惯性思维的影响将清单漏项、缺项和描述不准确等引起的事项给予费用签证。

（三）签证资料作为调价、结算审核和工程审计的重要组成资料，需要保证其组成描述详细，证据资料完整、可追溯，便于各方人员能通过签证描述还原签证事实。对于审核过程发现签证单填写不规范、不完整，缺少相关事实证据资料的情况，要求承包方修正完善。

（四）需要建立自己的签证审核台账，登记好已审核签证的事由、时间、费用等，便于及时对比发现重复签证项目和了解现场签证造成的费用变更情况。本工程项目签证审核中也有针对同一事项，工程量签证了一次，后又要求对零星用工和机械台班进行签证的情况，做好审核台账，能有效帮助审核人员剔除这类签证。

（五）涉及拆迁类工程项目或者隐蔽工程项目的签证，应尽量要求留下带有参照的影像资料，避免在结算审核或者审计时出现扯皮现象。

三、EPC项目管理反思

推行EPC模式的初衷是为了发挥总承包方的技术优势和管理优势，提高建设效率，降低建设单位投资风险，缩短建设周期。但是上述案例工程管理中，这种优势却没有发挥出来，设计概算超过估算价20%左右，原定的合同工期不到一年，实际过去两年多还没有竣工验收。虽说工期的影响因素是多方面的，但也能看出本项目的组织管理存在一定的问题。

结合本项目实际情况，考虑从合同管理、发包范围确定、承包方内部管理等方面浅析其对EPC项目管理效率的

影响。

（一）合同管理方面。本文介绍的案例项目合同专用条款约定，承包人控制的费用（即合同总价扣除发包人承担的费用之后的余额）按照合同及相关附件报价清单执行，变更项按合同中的变更方面专用合同条款执行。在本条专用条款下方又有条款约定"按照实际完成的工程量进行支付"。从这两条约定推断本工程应按照实际完成工程量和合同附件报价清单进行结算支付，合同外的变更部分需要根据合同专用条款约定的变更范围来计算。本项目现场签证审核过程中，有不少分部分项工程在合同中没有相应的单价，但是又不属于合同约定的变更范围，对于此类项目从签证事由上来讲不符合合同约定，不能签证，但是计量支付又没有合适的依据，这就成了一大争议点。目前这些合同中无单价的项目一直没有进行计量支付，合同中有单价而实际没有发生的项目也没有计量支付。由此引起承包商垫付的资金压力增大，偶尔引发停工事件，且如果补充协议不能明确处理原则，竣工结算、工程审计等都将受到影响。

由上述案例可见，项目管理中一定要注重合同管理，尤其是合同评审和合同交底。在合同签订之前，合同双方集自身的法律、经济、工程技术类人员组成评审组，从自身专业角度出发对合同文字、结构、工作范围、专用条款、计价方式、双方权利义务、技术、进度、质量、履约、担保、服务、合同风险等条款进行详细审核，尤其涉及价款计算部分的条款更要仔细推敲，尽量做到合同条款表述清楚、不产生歧义、不前后矛盾、不违背法律法规规定。在合同洽商过程及合同交底中要充分明确合同相关方的权利和义务，明确在什么情况下可以变更、索赔，如果发生变更、索赔情况，处理原则、流程和文件要求是什么；对于涉及费用计算类、合同风险类条款双方要确保理解一致，这样不仅能降低实施过程中争议发生概率，而且即使实施过程中发生争议也能很快协商一致，不会给工程顺利实施带来太多障碍。

（二）从发承包范围对EPC项目建设效率的影响角度来分析，初步设计之后将施工图设计和施工采购发包，可能更有利于发挥限额设计的控制作用，从而达到较好的投资控制目的；同时初步设计之后再发包，也能有效降低承发包双方的工程管控风险。如果将工程勘察列入EPC承包范围之内，投标单位就无法在投标之前获取准确的地质资料，涉及地下部分的设计方案变动可能性增加，如果合同中没有专门对此部分费用调整作出说明，地下部分依然按照总价包干，就增加了投标单位的风险范围，FIDIC合同条件（银皮书）也指出这种情况不适合采用EPC模式。如果是从初步设计阶段开始发包，发包方对工程建设标准、建设规模、投资限额及工程进度质量要求等也不是很明确，相比于从初步设计之后发包来说，对项目投资、进度等整体管理效果会有所降低。

（三）在EPC项目承包中比较常见的是设计单位和施工单位组成联合体承包工程项目。这种模式下很可能存在设计单位作出的设计变更给施工单位造成施工费用增加的情况，也可能会发生因施工单位施工质量原因造成重新变更部分设计的情况。本文案例工程中大部分签证项目就是因为施工图设计方案与投标方案不一致所造成的，这种内部因素没有协调好，不仅影响了整个工程的进展，同时还给发承包双方带来了利益上的损失。综上，从承包方角度讲，在联合体成立之初最好能明确约定联合体内部各个利益主体之间的利益分配、责任划分、风险范围划分、内部索赔处理原则和流程、内部争议解决方法等方面的事项，以顺利履约和损失最小化等原则建立起内部工作的相互检查、修正、协调机制，以便及时化解履约过程中可能出现的内部索赔风险；从发包方的角度看，需要在投标时对联合体协议进行仔细审核，看看协议内部职责分工范围是否涵盖拟发包工程全部范围，以保证合约的完整履行。

结语

最近几年国家积极推广工程项目总承包模式，EPC模式作为总承包模式的一种，得以广泛应用，但是有些项目并没有达到通过EPC模式提高建设效率的目的，这就需要我们不断总结反思，根据具体项目的特点需求，选择合适的发包模式，采取针对性的管控措施，以期达到提升管理水平，提高建设效率的目的。

以上为笔者在EPC项目现场签证审核管理实践中的总结以及对EPC项目管理的粗浅认识，希望在提升自己的EPC项目管理能力的同时，也能为同仁提供借鉴。

参考文献

[1] 冯伟. EPC工程总承包项目合同管理研究[D]. 广州：华南理工大学，2012.
[2] 张笑文，丁乾星，严玲. 建设工程现场签证的竣工结算审核问题研究[J]. 价值工程，2015（29）：65-68.
[3] 袁国栋，李加亭. 论联合体的内部管理[J/OL]. 科教导刊，电子版（上旬），2015（9）：155-157 [2020-07-19].

浅谈耐磨地坪（钢纤维混凝土）质量控制要点

冯长青

山西协诚建设工程项目管理有限公司

超平耐磨地坪对现代电商物流配送具有重要意义。施工有两大控制难点：高平整度（满足叉车的高速运转，实现现代物流配送的速度最大化）和低裂缝（满足地坪的耐久性、减少叉车的磨损等）。超平耐磨地坪的设计做法及施工过程是紧紧围绕解决这两大难点去考虑的。

一、施工流程

基层清理—检验基层平整度—墙周、柱周铺10mm厚挤塑板—铺PVC薄膜—防火分区内施工缝立模，放传力杆—柱、墙离地1m左右铺塑料薄膜保护—浇混凝土，激光整平机振捣整平，撒耐磨骨料—打磨、收光—24小时内弹线，切割缩缝—土工布覆盖，养护7天——间隔1个月以上地坪缝嵌缝打胶。

二、设计要点

（一）基层结构要求

1. 作为中间层可以有效传递板块荷载到土壤层。

2. 应该具备可以承受工程交通的能力且不会留下车轮痕印，含水率≤5%，压实系数≥0.95。

应选用级配良好的材料，确保使用压路机将平整后的垫层碾压密实。

3. 基层标高的误差非常重要。高于设计标高通常也就意味着混凝土板块厚度变薄，建议误差值控制在 –25～0mm。

4. 采用防潮膜的主要目的是减小混凝土板与垫层界面的摩擦系数，使混凝土板的收缩和膨胀不受地基约束，减小板底裂缝形成的可能性，同时起到防潮隔离水汽的作用。本项目采用铺设0.15mm厚的优质PE薄膜一层，桩帽上方增设一层0.15mm厚PE薄膜，大小为1.5m×1.5m。保证薄膜未被折叠并且在各个边缘处至少有200mm的搭接，同时应避免在施工中损坏防潮膜。铺设防潮膜后安装分仓缝模板，可高精度控制标高。

5. 地坪必须与建筑的结构构件隔离，以确保地坪收缩时不会产生裂缝，同时尽量降低因不均匀沉降而产生问题的风险。隔离缝将混凝土板和其他部分隔离开来，减少干缩释放的应力。应尽力将混凝土板从限制应力中隔离出来，否则将增加不规则裂缝的可能性。这可通过在墙体周围设置可压缩材料的方法实现，比如：墙体及柱体四周采用10mm厚挤塑板隔开，柱体及墙体使用塑料薄膜进行保护。

（二）细节要点

1. 地坪缝

地坪缝是地坪中最关键的元素。尤其卸货区门口及防火墙门口是主要通行路线，大部分地坪维护费用都与某种形式的地坪缝损坏有关。地坪缝造成地坪出现不连续性，进而可能导致车辆在运行中对地坪造成损坏。门口及卷帘门位置需设置盔装缝，库内分仓采用槽钢。

地坪缝的设置主要目的是降低地坪收缩时的开裂风险，起到保护混凝土边缘不受破坏的作用。

分仓缝必须设置暗榫，作为地坪各部分之间的荷载传递装置。传统的设置方式中接头部位没有经过联合加固无法经受车辆的频繁碾压，使地坪缝在1～2年就出现接缝损坏的情况并需要大修，接缝处如无荷载传导也会为地坪的正常使用带来极大的麻烦。故在分仓处需设置传力杆。

2. 收缩缝

收缩缝通常采用切割缝的形式。目的是在切割缝底部形成诱导缝，从而缓解干缩时的压力。

3. 墙体和柱体保护措施

为防止混凝土浇筑时把墙体和柱体污染，墙体、柱体采用薄膜保护。

4. 接缝布局

出于长期耐用性的考虑，设置接缝是为了允许出现施工间断情况，并考虑在长达2年的混凝土硬化期间出现收缩现象。本项目暗榫使用传力杆，传力杆采用圆钢$\phi 20@500$，长度600mm。一端锚入混凝土中，一端用PVC套管使传力杆在管内滑动。成品盔装缝用于仓库浇筑分仓、出入口、防火卷帘门下方以及外月台升降平台两侧分仓缝。

5. 在弹好的控制线上，每间隔1m左右用电锤在地上打眼，一般采用16×200的钻头，打入深度在8～10cm左右。

6. 将切割好的长30cm，直径为16mm的国标钢筋钉入钻好的孔洞中。要求钉牢，打到大致打不下去为止。

7. 将装铠缝顺线方向放在打牢的钢筋附近，装铠缝的两端先用木头或砖头垫起来，根据标高情况，随时用木楔微调装铠缝高度，达到和标高完全一致后，电焊工将装铠缝与钢筋顶部点焊住。再用同样的方法焊住装铠缝另一端。两端都焊好后，再来焊装铠缝中间部分。焊好后再复查一遍标高。

三、施工控制要点

（一）浇筑混凝土

1. 项目施工正值高温季节，混凝土掺加不超过20%的矿粉。混凝土掺入磨细矿粉后能延缓胶凝材料的水化速度，使混凝土的凝结时间延长，这一性质对高温季节混凝土的输送和施工有利。

2. 混凝土中粗骨料应采用连续级配。粗骨料含泥量越大，收缩也就越大。因此所选石子含泥量越小越好。最大碎石直径不超过25mm。

对于最大粗骨料粒径25mm的混凝土、水泥等胶凝材料含量应该在300kg/m³左右，细度模数330～400。高水泥用量意味着高收缩的风险。

3. 细骨料采用洁净河沙，细度模数为2.3～3.0之间的中砂，应避免拌制混凝土的骨料含有泥沙、黏土、木屑、泡沫等杂质。砂率控制在40%～45%，否则耐磨地坪可能会出现鼓泡、起壳的情况。

4. 混凝土坍落度为120±30mm（自卸），以送到现场的混凝土坍落度为准。为了让混凝土满足坍落度要求，同时又具有良好的和易性，使用聚羧酸系高效减水剂。

5. 凝结时间：初凝时间应控制在5～6小时。

混凝土初凝和终凝时间的设置必须是一致的，这样抹平的过程可以在常规模式下进行。

6. 水灰比（水胶比）：最大水灰比不得大于0.50且不得小于0.45。

7. 混凝土在其凝结的最初12～18小时中会产生干缩。新浇混凝土的含水量多于化学凝固过程中所需的含水量，其中一些多余的水量游离混凝土时会造成混凝土收缩。因此，混凝土中水泥和水的用量不应过多。

8. 泌水率：为保证最终完成面的平整度及耐磨地坪施工质量，混凝土整平之后2小时表面的泌水率应控制在1%～3%之间。

9. 泵送要求：混凝土性能的连续一致性及现场运送是获得高质量地坪的关键所在。使用输送泵输送混凝土，原则上要求使用同一商混站的混凝土。混凝土泵车运输时间不宜超过30分钟，搅拌车的车次保持均匀，满足公司的使用要求。

（二）混凝土铺设要求

1. 铺设前拟定计划，并审核。

1）混凝土铺筑是影响混凝土品质的主要环节，因此必须事先拟定好计划，并得到项目监理的认可。

2）拟定混凝土铺筑计划时需考虑的事宜：日铺筑面积（建议每次浇筑面积在1500m²以内）、混凝土铺筑量、铺筑作业及人员安排、设定铺筑区域、新老混凝土结合部位的处理、铺筑人员的结构。

3）监理人员审核铺筑计划时，应对会影响混凝土铺筑的各个因素及实施的可行性等一一审核。

4）混凝土铺筑前必须仔细确认每项事宜，如发生未准备事宜而需要延长时间，必须对已施工区域进行保养，以防止混凝土铺筑前异物混入等。

5）混凝土铺筑前需确认的事宜：铺筑时水平标准点的设置、表面的清洁、混凝土铺筑设备确保与否、铺筑人员的结构。

2. 混凝土铺筑的标准

1）混凝土铺筑时，若使用普通的铺筑方法则无法保证品质，因此需特别注意铺筑方法。铺筑从开始到结束都应严格进行管理。

2）混凝土铺筑方向是以一个方向为原则（从左侧开始，往右侧移动，一排结束后重复进行），每一排的铺设宽度控制在5m左右。

3）浇筑的混凝土必须用振动棒或其他同等工具捣实，整平机无法整平的部位必须使用刮尺刮平，面层不能露出石子，达到一定的平整度。

（三）混凝土整平

经过公司技术协商，地坪采用索马诺大型激光整平机S240，整平宽度为4.2m，臂长6m。

1. 混凝土建议采用自卸的方式。

2. 首先人工按标高高度将混凝土大致铺平并使用插入式振捣棒进行振捣作业，应特别注意边角部位要捣实。

3. 用激光整平机有序整平混凝土，整平过程中一直保持与泵送方向一致。

4. 混凝土整平后即安排播撒耐磨材料，规定用量为5kg/m²。

5. 之后让有经验的人员用手动整平，刮尺刮平表面凹凸，同时去除表面浮游物，局部边角处由专人进行镘刀整平。

（四）硬化剂耐磨材料施工

整平后的混凝土呈现下列状态后（视当日的天气及环境等情况而定）开始打磨：

①表面没有泌水的光泽。

②踩踏混凝土时，混凝土表面留有较浅的脚印。

1. 用驾驶式双盘重载磨光机和手扶式单盘磨光机配合进行压实和研磨作业。

2. 经研磨且硬化到一定程度，用驾驶式双盘重载磨光机和手扶式单盘磨光机配合进行表面抛光，抛光过程中根据混凝土的硬化情况不断调整磨光机的运转速度和角度，直到表面呈现均匀的光泽。

（五）固化剂养护

1. 固化剂用于新浇混凝土地面及结构的养护和密封，为干撒式硬化剂地面提供养护，起到密封固化、防尘的作用，并显著提高耐磨性能。

2. 当混凝土表面终凝收光结束2小时后，达到可以行走而不产生脚印的状态时，使用低压喷涂设备喷涂固化剂，保持所有表面均匀湿润即可。

（六）切割

1. 任何项目都做不到完全没有裂痕，而能做得到的就是尽量减少与控制裂痕。

2. 切割方式：洒水切割。

3. 采用机械：混凝土马路切割机。

4. 切割时间：表面抛光且密封固化结束后，在不爆边的前提下锯缝施工应尽早进行。

5. 切割依据：缝距应按照设计要求切割，切割深度为板厚的1/3，以便限制诱导性裂缝的开口，同时确保荷载的充分传递。

（七）双重养护

1. 一周内不许移入重物。切缝结束之后，充分洒水，铺土工布进行保养，防止水分蒸发。

2. 养护时间：地坪养护时间不得少于7天。

3. 现场必须要有充足的防风防雨措施。养护环境对于控制混凝土的收缩尤其关键。

（八）嵌缝灌胶

地坪完成一个月后且缝内完全干燥的情况下，安排缝内泥浆清理以及嵌缝灌胶工作。使用干切机沿缝内走一遍，将缝中残留的泥浆块彻底打散，并用吸尘器清理干净；使用专业设备将泡沫条嵌入缝中，确保嵌入的深度符合要求；使用气泵设备灌胶，确保灌胶的深度符合要求。

四、工程难点及相应技术保证措施

（一）耐磨材料用量的控制

耐磨材料用量使用是否充足决定了地坪耐磨性的优劣。

针对性措施：为确保用量充足，在每仓施工前，根据该仓施工面积按照$5kg/m^2$的用量先期把材料布置到位，并保证所有预备好的材料全部使用到位。

（二）混凝土浇筑过程中对墙面、柱周等部位的成品保护

由于地坪混凝土的振捣及撒耐磨粉后的打磨均产生水泥浆的飞溅，必须采取保护措施。

针对性措施：用普通塑料薄膜在墙根、柱根离地1m高处用双面胶带粘牢或扎丝捆牢。

（三）掺钢纤维混凝土的配合比及坍落度控制是耐磨地坪成败的关键因素之一。

针对性措施：

1. 耐磨地坪钢纤维掺量由钢纤维生产厂家提供针对本项目的地坪计算书（并经业主、监理、项目经理批准）、地坪相关节点处理方案以及地坪设计保证书。

2. 采用贝卡乐特或符合技术要求的同等类型钢纤维。

3. 钢纤维生产厂家免费提供现场技术服务人员及钢纤维掺量检测设备，并对混凝土中的钢纤维含量进行检测。

（四）对搅拌站掺加钢纤维混凝土的质量控制

针对性措施：由总包向混凝土搅拌站口头和书面技术交底。

专人检查搅拌站自动加料机的年度检测报告是否在有效期内，抽查跟踪搅拌过程中的钢纤维混凝土质量是否符合技术交底中的技术指标要求。

配合钢纤维生产厂家技术人员对混凝土中的钢纤维掺量进行抽查性指标复核。

施工现场专人在混凝土出料口用混凝土坍落度筒进行检测并记录，发现有问题时按《商品混凝土供料合同》要求及时退换货。

（五）混凝土整平

混凝土浇筑时严格控制地面标高，尤其是在设置装铠缝的标高时，装铠缝的顶部标高误差务必控制在±2mm以内。浇筑顺序严格按照设计的方案执行。浇筑混凝土时控制混凝土的现场坍落度误差，激光整平机整平时最大限度地保证地坪平整度和水平度。

（六）地坪切缝

耐磨抛光后及时进行地面切缝，在不爆边的前提下锯缝施工，应尽早引导裂缝的开裂方向，减少使用过程中地坪裂缝的出现。

（七）卸货平台

无论是内月台还是外月台，升降平台周围必须布置双层双向增强钢筋。卸货区面临开裂的风险最大，所以应注意将主板和此区域分隔，敷设加强筋，一定切收缩缝。如果是内月台，推荐使用盎锴缝。

建筑机电设备系统施工安装管理问题及新思路

李儒

山西协诚建设工程项目管理有限公司

一、建筑机电设备系统施工安装问题分析

螺母和螺栓是机电设备中最基础的配件，如果螺母和螺栓之间的连接力太大，那么在长时间的电磁力和机械力的作用下螺栓会出现机械疲劳的问题，使得螺栓与螺母之间连接变松而出现螺帽滑丝或损坏的问题，从而会导致设备由于连接松动而引发事故。如果是在导流设备上连接螺栓与螺母，那么除了要注意机械效应的影响，还要注意电热效应的出现，倘若螺母的挤压力过小，设备的接触电阻就会变大，导致电阻在通电之后发热情况较严重，甚至会使得连接处被熔断引发接地短路事故，在机电设备与母线中，如果连接线的接线、设备线夹、T形线夹以及并沟线夹等相等，也会引发安全事故。另外在施工过程中，由于设计或者是施工的失误没有预留螺栓孔或是预留孔的误差较大，使得预埋地脚螺栓的偏差较大，也会导致其在机电设备的后续安装过程中发生故障。

在机电设备的安装过程中，超电流故障也是一个较常见的问题。如果机电设备的泵出现内部有异物、壳体与转子相互摩擦、轴承损坏等情况，均会引发超电流故障；而对于机电设备本身而言，如果出现缺少电源、线路电阻过大、过载电路整定过小或者功率过小等情况，也会引发超电流故障；而就施工的工艺流程而言，如果泵的实际传送介质远远超过设计水平时，那么就极易引发超电流故障。

与泵相关的故障，除了超电流以外还有振动问题。大多数是泵的壳体与转子同心度差、定子与转子相互摩擦、轴承缝隙过大和转子不平衡等问题；就机电设备本身而言，较为常见的有定子与转子间的气隙不均匀、定子与转子之间相互摩擦以及转子不平衡等问题。此外，在安装泵的时候倘若实际参数和泵标注的额定参数相差比较大，就会造成泵运行稳定性不高的问题，所以施工人员要让泵按照标注的额定参数运行。

二、建筑机电设备系统施工安装管理措施

（一）优化施工图纸设计

在进行具体的机电安装工作之前，设计师需要先设计出合理的布局，并制作出相应的图纸，让具体工作人员明白如何施工。在进行图纸的设计时，首先需要专门的设计部门统一指挥，成立机电深化设计组。对于大型的项目，可以邀请国内外著名的专家作为顾问。采用BIM技术，利用三维建模自动生成综合管线布置图，大大减少管线冲突及返工率，提高工作的效率和质量，降低工作的成本。

（二）注重施工过程控制

必须加强施工阶段管理和监督，随时检查，随时采取措施进行处理。要求施工人员严格按照操作规定和流程操作。对于关键工序、施工现场环境以及相应的施工条件进行严格管理和控制。机电设备的质量非常重要。为了保证机电设备安装工程的质量，必须加强对影响施工质量因素的分析。比如在泉港东港污油泵安装的过程当中，单螺杆机组安装的基础平面应该平整，机架的脚螺栓紧固钳应该将底座进行垫实，以防止螺栓拧紧之后产生变形；污油泵在安装之前应该加强对管路的清洗，防止焊接时杂物进入无油泵内损坏橡胶定子；在污油泵安装的过程当中需要注意，驱动装置输出轴与泵轴之间的校准，对于使用联轴器进行连接的泵，两联轴器允许的径向偏移 $ay \leq 0.15mm$，角度偏移 $\theta \leq 0.5°$，并且对于无联轴器的污油泵，驱动装置的底座应该做成非固定的形式，或者是使用辅助支撑，轻微地拧上螺栓，防止振动。

（三）竣工阶段的质量控制

在竣工阶段，通过验收及时发现存在于建筑机电工程之中的问题，并且采取措施对其进行处理。对于所有的设备都必须要经过严格的调试，确保所有施工项目顺利完成。

4.8m层高跃层（loft）及商业结构模板安装质量过程控制监理工作浅谈

段红卫

山西省建设监理有限公司

在混凝土施工中模板工程的施工质量对混凝土工程的质量、强度、性能等方面都会造成影响，同时模板施工质量对于混凝土工程结构外观平整性以及实际尺寸的准确性起到决定作用，对结构的安全性以及后续工程的施工产生深远的影响。

一、现场采用木模体系的原因及质量目标

本项目要求住宅及商业全部采用铝模体系，但是标准层为4.8m的跃层及平层公寓若采用铝模体系，需向铝模生产厂家专门定制，加工流程和加工时间及加工成本无法满足现场施工需要，所以经建设单位及设计同意，现场采用轻钢背楞+角钢拼缝组件式模板加固体系，但是木模加工的施工质量及外观成形质量，尤其是实测实量结果必须达到设计要求，且在各项考核中不得低于建设单位全国范围考核评估的平均值。

二、现场实施的轻钢背楞+角钢拼缝组件式模板加固体系施工技术

（一）轻钢龙骨组件工艺

轻钢龙骨组件式加固体系主龙骨横梁采用双60×40×2.5方钢，用作墙体模板主龙骨长度为1m、1.5m、2m、2.5m、3m。配模时，一般比墙体长0.3～0.5m。附加横梁用于主龙骨横梁接长处，一般长度为1m。阴角L杠用于墙体模板阴角拐角处，规格型号为1000×1000。阳角锁具用于墙体模板阳角拐角处及墙端主龙骨固定。

（二）墙体模板竖向拼缝角钢体系为一种模板拼缝连接结构体系，主要用于水平模板拼缝、竖向模板拼缝、阴角拼缝和阳角拼缝四个部位，有效代替了传统的木枋加固体系。主要采用不同长度的∟40×40×3，通过对其开孔加工后与模板进行连接、紧固，可以有效消除模板拼接处的错台缺陷，从而减少甚至消除模板接缝处的混凝土质量通病，且环保高效，利用率高，施工简单、快捷。

三、施工前的准备工作

（一）监理对总包提供的专项施工方案进行了严格的审核，并要求施工单位严格按照方案组织施工。

（二）根据施工面积，每三个楼座配备经验丰富的土建工程师一名，监理员两名负责施工质量的控制，同时由总监代表和各楼座主管土建工程师组成实测实量小组，加强混凝土质量把控。

（三）模板安装前要求施工单位向班组作业人员进行安全技术交底，现场需做样板，经监理及甲方人员认可后方可进行大面积施工。

（四）要求施工单位根据施工方案及现场实际对所有木模板进行编号，便于作业人员准确安装。

四、监理对施工质量的控制

（一）针对施工过程中主要的控制要点和难点进行内部交流和学习，要求每位监理人员熟悉图纸，掌握模板施工的控制要点，熟知相关的技术规范要求。

（二）加强对现场材料的入场验收，

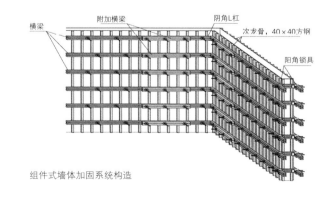

组件式墙体加固系统构造

严控方钢、角钢、锁具、模板、架杆的质量及阴角、阳角L杠的加工质量，与设计和施工方案不符的材料不允许进场。

（三）施工过程中坚持事前、事中、事后控制的原则，日常巡检和专项验收相结合，发现问题及时处理并监督整改。

（四）督促总包单位履行好三级检验制度。

（五）模板的控制

1. 在总包单位完成施工测量放线后，监理工程师对模板定位进行复合。模板轴线定位外形尺寸水平标高要准确无误。督促施工人员按编号进行模板安装，反复使用的模板督促总包单位按规范要求涂刷脱模剂，并进行全项检查。

2. 水平模板安装。监理要控制板面平整度及拼缝是否严密，模板按轴线划分全部抄平，并将检测结果全部标注在模板上。督促问题的整改，保证模板偏差控制在允许的范围内。

3. 墙体模板竖向拼缝角钢体系。监理主要控制角钢加固件的加工成形质量及定位，阴阳角部位同模板需进行编号安装，即确保能满足"上下左右"严实密合，有效地提升模板拼缝质量，消除了混凝土表面错台缺陷，监理验收时对每一面墙和柱进行垂直度全数检验，保证模板平整并将检测结果全部标注在模板上。督促问题的整改，保证模板偏差控制在允许的范围内。墙柱根部采用砂浆进行封补，防止漏浆。

4. 对角钢拼接紧固以及角钢与模板连接部位的情况进行重点把控，保证模板的整体稳定性，消除模板拼接处的错台、漏浆缺陷。

（六）模板支撑体系质量控制

1. 满堂架体搭设原则为扫地杆距地面450mm，横杆步距不大于1800mm，水平间距为0.9m，扫地杆、扫天杆满设，扫天杆距离顶部不大于500mm，板底主楞骨采用双钢管支撑，每5跨设置一道剪刀撑，每开间立杆距离墙边不大于400mm。层高为4.8m，楼层上下设置两道水平剪刀撑，不同开间相接处用钢管连接，保证扫地杆交圈，浇带模板单支单拆，立杆下部设置木枋垫块，居中放置，满堂架体扫地杆交圈设置，楼板主龙骨采用双钢管，立杆U托外露长度不超过200mm。

2. 由监理牵头成立满堂架专项验收组，验收组成员包括安全专业监理工程师，总包单位技术总工，生产经理，安全、质量部门负责人协调配合解决现场存在的问题，要求总包单位严格按照设计方案及规范要求进行满堂架搭设，在自检完成以后监理组织专项验收，确保架体安全及模板的支设质量。

（七）混凝土浇筑的质量控制

1. 加强混凝土浇筑的旁站监理工作，重点控制墙、柱的分层浇筑质量和顺序，并根据4.8m层高实际要求施工单位配备相应的振捣设施及经验丰富的施工人员，严控振捣的顺序和振捣的密度。

2. 浇筑楼面混凝土时要严格控制墙柱的标高和平整度。

3. 督促总包单位保证混凝土供应的连续性，防止出现冷缝现象。

4. 监理不定期对入场的混凝土坍落度进行检测。

5. 监督施工单位进行混凝土试块的留置及养护工作。

6. 对浇筑过程中钢筋工和木工在岗情况进行检查，督促做好胀模等突发情况的处理工作，并检查架体安全性和稳定性。

（八）拆模

1. 严格控制拆模时间和顺序，一般情况下混凝土浇筑12小时后，可拆墙柱侧模。

2. 现场跨度超过8m的梁需在混凝土强度到达100%以后再进行拆除。冬施期间监理每日查看现场温度，并以此来确定拆模时间，不应过早拆模，以防影响混凝土外观质量。

3. 架体拆除应符合《混凝土结构工程质量验收规范》GB 50204—2015 的相关要求，并且根据留置的拆模试块来确定支撑杆的拆模时间。

4. 模板拆除注意事项

1）拆除前应架设工作平台以保证安全。

2）模板拆除时，混凝土强度必须达到设计允许值方可进行。

3）拆除模板时切不可松动和碰撞支撑杆。

4）拆下模板应立即清理模板上的污物，并及时刷涂脱模剂。

5）施工过程中弯曲变形的模板应及时运到加工场进行校正。

6）拆下的配件要及时清理、清点，并转移至上一层。

7）拆下的模板通过预留传递孔或楼板空洞传运至上层，零散的配件通过楼梯搬运。

（九）实测实量

拆模后实测实量小组及时对混凝土成型质量进行跟踪检测，对出现的一些问题整理归档并与总包单位相关人员查找和分析原因，制定相应的整改措施，扬长避短，为后期的模板安装提供参考。

虽然4.8m层高跃层及平层公寓商业结构采用的是木模体系，但是混凝土成型质量及外观质量均达到了设计及相关验收质量要求，在建设单位各项评估考核中的实测实量成绩一直名列前茅且多次超过同项目内铝模体系的成绩。

房屋建筑屋面防水工程施工质量控制

赵培真

山西诚正建设监理咨询有限公司

一、基层与保护工程

（一）找坡层

找坡层为减轻屋面荷载可采用轻骨料混凝土；找坡材料应分层铺设压实，表面应平整；结构找坡≥3%，材料找坡≥2%，檐沟、天沟纵向找坡≥1%，沟底水落差≤200mm。

（二）找平层

找平层可采用水泥砂浆或细石混凝土；找平层抹平应在初凝前完成，压光应在终凝前完成，终凝后应充分养护以确保找平层质量；卷材防水层的基层与凸出屋面结构交接处应做成圆弧形；找平层分格缝间距为6m，缝宽10mm，缝深与找平层厚度一致；找平层不得有酥松、起砂、起皮等缺陷。

（三）隔汽层

隔汽层应选用气密性、水密性好的材料；屋面与墙体交接处隔汽层应沿墙向上连续铺设并高出保温层150mm，穿过隔汽层的管线周围应密封。

卷材隔汽层应空铺，铺设平整，卷材搭接宽度应为80mm，接缝处满粘；隔汽层不得有扭曲、折皱和起泡等缺陷。

涂膜隔汽层应黏结牢固、表面平整、涂刷均匀，上下两层涂料涂刷方向应相互垂直；隔汽层不得有堆积、起泡和露底等缺陷。

（四）隔离层

保护层与防水层间应设置隔离层，以消除两种材料间黏结力、机械咬合力、化学反应等不利影响，隔离层必须完全隔离；隔离层可采用0.4mm厚塑料膜、单位面积质量200g/m²的土工布、2mm厚卷材进行干铺，其搭接宽度≥50mm；隔离层不得有折皱、空鼓等缺陷。

（五）保护层

在防水层或保温层上应设置保护层；保护层与女儿墙、山墙间应预留30mm宽缝隙，防止刚性保护层热胀顶推女儿墙以致墙裂造成渗漏，缝内宜填聚苯乙烯泡沫塑料并用密封材料嵌填密实。

块体材料保护层应设置分格缝以减少温度应力影响，分格缝纵横间距≤10m，缝宽宜为20mm；块体材料保护层接缝应平整、顺直、无空鼓。

细石混凝土保护层宜采用C20，混凝土应一次浇筑完成、振捣密实、表面抹平压光，分格缝纵横间距≤6m，缝宽为10mm；细石混凝土保护层不得有裂纹、脱皮、麻面和起砂等缺陷。

水泥砂浆保护层宜采用M15，设置分格缝，表面抹平压光以免出现起砂、起皮等缺陷。

二、保温与隔热工程

保温材料应选用吸水率低、表观密度和导热系数较小的材料；保温层基层应平整、干燥、无油污。

（一）板材保温层

干铺法施工：应铺平垫稳，分层铺设的板块上下层接缝应相互错开，板间缝隙应用同类材料嵌填密实以免产生热桥。

粘贴法施工：胶黏剂应与保温材料的材性相容，并应粘贴牢固、拼接严密，不得在板块侧面涂抹胶黏剂。

（二）种植隔热层

屋面防水层、保温层完成后进行种植隔热层施工，种植隔热层与防水层之间宜设细石混凝土保护层；屋面坡度大于20%时其排水层、种植土层应采取防滑措施，可设置防滑挡墙或挡板。

陶粒排水层粒径应大于25mm，大粒径在下、小粒径在上，陶粒堆积密度为500kg/m³以下，铺设厚度100～150mm；排水层上应设置土工布（单位面积质量为200g/m²）过滤层，土工布搭接宽度≥100mm且铺设平整、接缝严密；挡墙或挡板的下部应设泄水孔，孔周围设置粗细骨料滤水层；控制种植土厚度，其自重应符合设计荷载要求。

三、卷材与涂膜防水工程

（一）卷材防水层

冷黏法卷材铺贴：胶黏剂涂刷应均匀、不应露底及堆积，控制好胶黏剂涂刷与卷材铺贴间隔时间；卷材铺贴应平整顺直，接缝口用宽10mm的密封材料封严，卷材下面空气应排尽并辊压粘牢固，不得有开裂、脱落及折皱等缺陷。

热粘法卷材铺贴：融化热熔型改性沥青胶结料时加热温度180~200℃，黏结料厚度宜为1~1.5mm，且应随刮随铺。

热熔法卷材铺贴：卷材铺贴采用专用火焰加热器均匀加热卷材，不得加热不足或烧穿卷材，加热温度180~200℃，厚度小于3mm的高聚物改性沥青防水卷材严禁采用热熔法施工；卷材热熔后应立即滚铺，卷材下面空气应排尽并辊压粘牢固，卷材铺贴应平整顺直，不得有开裂、脱落及折皱等缺陷。

机械固定法卷材铺贴：卷材应采用专用固定件进行机械固定，固定件宜设置在卷材接缝内，外露固定件应用卷材封严；卷材搭接缝应黏结牢固、密封严密。

（二）涂膜防水层

防水涂料应多遍涂布，不得一次成膜，前后两遍涂料的涂布方向应相互垂直，两涂层施工间隔时间不宜过长以免造成分层现象；胎体增强材料一般为无纺布，无纺布长边应搭接50mm，短边应搭接70mm，上下层无纺布长边搭接缝应错开1/3幅宽以上，上下层无纺布不得相互垂直铺设。

多组分防水涂料应控制好配合比、计量准确、搅拌均匀。

涂膜防水层与基层应黏结牢固、表面平整、涂布均匀，无流淌、折皱、起泡、露胎体等缺陷，控制好涂膜防水层厚度、防水收头处应多遍涂刷。

（三）其他要求

防水层基层应坚实、平整、干燥，无油污及灰尘，不得有裂缝、蜂窝、麻面、起皮和起砂等缺陷，基层处理剂应涂刷均匀、不得漏涂。基层干燥程度检验：将1m²卷材平铺在找平层上静置4h，找平层覆盖部位与卷材表面无水印即可铺设防水层。

屋面防水工程完工后，应进行雨后观察、淋水2h或蓄水24h试验，屋面不得有渗漏和积水现象，排水系统应通畅。

四、细部构造工程

（一）屋面排气道：排汽道纵横贯通设置（纵横间距宜为6m），与大气连通的排气孔相通，排汽出口应埋设排气管，排气管设置在结构层上，穿过保温层及排气道的管壁应打孔以保证排汽道通畅，排汽出口可设在檐口下或排汽道交接处；找平层分格缝可兼作排汽道，排汽道宽宜为40mm，排气管应安装牢固、密封严密。

（二）檐口、檐沟和天沟：檐沟防水层应由沟底上翻至外侧顶部，檐口、檐沟和天沟卷材收头应在找平层的凹槽内用金属压条钉压固定以防卷材翘边或脱落，并用密封材料封严，卷材防水檐口800mm范围内卷材应满黏；涂膜收头应用防水涂料多遍涂刷；檐口端部、檐沟外侧顶部及侧面均应抹聚合物水泥砂浆，其下端应做成鹰嘴和滴水槽；由于檐沟、天沟与屋面交接处构件断面变化易发生裂缝且沟内防水层易受雨水冲刷，此处增设防水附加层伸入屋面宽度250mm。

（三）女儿墙和山墙：压顶向内排水坡度应为5%，压顶内侧下端做成鹰嘴或滴水槽，墙体根部不得有渗漏及积水，混凝土压顶应设分格缝并嵌填密封材料；卷材收头可铺至女儿墙压顶下用金属压条钉压固定并用密封材料封严，涂膜收头应用防水涂料多遍涂刷；女儿墙、山墙与屋面交接处由于温度应力集中易开裂，应增设防水附加层，防水层泛水高度为250mm。

（四）水落口：水落口杯上口应设在沟底最低处，水落口杯应安装牢固；水落口周围直径500mm范围内坡度为5%，防水附加层应伸入水落口杯内50mm；水落口不得有渗漏、积水。

（五）变形缝：变形缝顶部应加设混凝土或金属盖板，混凝土盖板接缝用密封材料封严，金属盖板应铺钉牢固，搭接缝宽50mm且顺流水方向，并做好防锈处理；控制好泛水高度、防水附加层及收头。

（六）伸出屋面管道：穿过结构的管根部位，应用细石混凝土填塞密实；管道周围100mm范围内的找平层抹出30mm高排水坡；卷材防水层收头用金属箍固定，并用密封材料封严；涂膜防水层收头应多遍涂刷；控制好泛水高度、防水附加层。

（七）屋面出入口：屋面垂直出入口防水层收头压在压顶圈下，屋面水平出入口防水层收头压在最上一步混凝土踏步下，控制好泛水高度、防水附加层。

（八）反梁过水孔：控制好孔底标高、孔洞尺寸或预埋管管径，孔洞四周涂刷防水涂料，预埋管周围与混凝土交接处留置凹槽并用密封材料封严。

（九）设施基座：防水层应包裹在设施基座上部，设施基座下部增设防水附加层，防水层上宜浇筑50mm厚细石混凝土保护层，地脚螺栓周围密封处理，设施基座周围应有一定的排水坡度以免积水。

全面推进工程建设全过程工程咨询服务

陈吉旺

广州珠江工程建设监理有限公司

一、监理行业在工程建设全过程工程咨询的规划

目前监理行业在工程建设全过程工程咨询服务方面还处于试点时期，该工作主要分以下三个阶段。

（一）准备阶段

1. 召开专题座谈会，开展专题调研

组织部分市州、县住房城乡建设主管部门、相关建设单位及企业召开全过程工程咨询座谈会，制定全过程工程咨询试点工作方案。

2. 确定试点地区、试点项目、试点企业

选取有条件的市州、县市区为试点地区，优先确定部分重点工程、PPP项目、政府投资项目及工业园区等项目为全过程工程咨询试点项目。选取相关行业实力强的企业为试点企业。

（二）实施阶段

住房城乡建设主管部门对试点项目、试点企业的改革实践进行指导，将全过程工程咨询服务列入政府采购清单，研究全过程工程咨询市场环境和需要解决的问题，组织开展全过程工程咨询招标，相关行业协会组织全过程工程咨询宣讲培训，提高全过程工程咨询服务能力，提高工程咨询质量和效率。

（三）总结阶段

住房城乡建设主管部门、试点项目、试点企业对试点工作进行总结，提供全过程工程咨询的政策建议，推广全过程工程咨询经验做法。

二、探讨监理企业开展工程建设全过程工程咨询服务的经验

本文主要以两个案例来讨论在全过程咨询服务过程中监理企业将面临的问题。

案例一：香港东铁线南环线工程

香港东铁线南环线工程所在区域已被高密度开发，区内商业及文旅建筑林立，在规划和设计时需考虑与周围建筑有效衔接，工程建设复杂程度较高。

（一）构建一体化团队

为解决南环线跨越地铁荃湾线隧道和穿越繁华商业地带的难题，构建由业主团队和咨询顾问团队联合而成的一体化项目团队（图1），该团队囊括了设计、施工和工程管理经验丰富的专家，充分发挥了业主团队的先进管理经验和咨询顾问团队的技术支持优势，将系统性问题一站式整合，有效避免咨询服务"碎片化"问题，从分散走向一体，从部

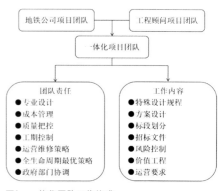

图1 一体化团队工作构成

分走向整体，提供了无缝隙、无分离的综合性服务。

（二）组织价值工作营

项目团队在方案阶段组织价值工作营，对预留车站设置、车站与商业连接、隧道开挖、施工影响等方面进行优劣和风险对比，将最优方案提呈业主，在后续阶段中，价值工作营通过专题研究、策略探讨等方式组织集体探讨，对重点和难点工作进行深入细化和解决，与会专家提出见解，并达成共识或维持意见，统筹建造、工期、造价、运营、维护和远期预留（图2）。

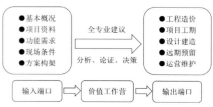

图2 价值工作营模式

案例二：深圳盐田港二期建设工程

深圳盐田港工程在二期建设工程中引入全方位、全过程工程咨询和工程管理理念，通过科学合理的项目管理构架，兼顾工程质量、建设工期和投资控制三者之间的关系。

（一）咨询管理全程化

在可行性研究时，咨询顾问已为业主编写具有前瞻性的咨询报告，并按照报告内容，在后续阶段完成相应工作（见表），配合承包商解决出现的问题。业主通过咨询顾问的全过程工程咨询专业技术和管理优势，理顺文件要求，协调关键节点工作，把握界面、时序管理，确保工程按期保质，降低工程风险，控制索赔要素，并在合同价格内全面完成工程，夯实基础。咨询顾问在工程建造完成后仍持续提供设施检测评估和维护改造设计等服务。

盐田港咨询顾问工作内容表

阶段	咨询内容
设计	与设计院合作完成一系列设计文件
招标	评判投标书的技术可行性和工程单价的合理性
施工	编制可实施的设计文件，明确各工程环节的检查验收依据
监理	在技术方面管理监理人员
审查	严格审查施工方案及已经验收合格的工程数量

（二）组织构架集约化

咨询顾问合理设置设计和施工阶段的组织构架（图3），并全程参与以确保两阶段实现无缝衔接、高效配合。在设计阶段，咨询顾问与工程建设指挥部组成咨询顾问现场项目组，协助业主对设计单位的现场项目组进行直接管理，进入施工阶段后，咨询顾问现场项目组委派具有丰富施工经验的专家对监理单位进行督察，并对工程质量、建设工期和设计服务进行统筹管理。咨询顾问对业主直接负责，其集约化的管理技术保证了项目的有序推进。

通过上面两个案例不难发现，监理企业要实现全过程咨询服务将面临以下问题：

（一）数字化普及程度欠缺

咨询企业仍然依靠传统的方式展开工作，不能在短时间内将企业间、行业间信息整合成有效的决策资讯，未利用数字化手段高效整合数量巨大、来源分散、格式多样的大数据。

（二）整体性服务能力不强

同属工程咨询范畴的勘察设计、监理、造价、招投标等工作受到行业内多头主管，人为的分割未能有效提升咨询品质，导致服务不清晰、松散、碎片化，管理存在重复和交叉，工程咨询服务产业链整体性不足。

（三）系统化管理落实不足

咨询企业未形成一套科学完整的管理制度以保证企业的高效运转，对当前行业快速发展的大趋势不能及时进行服务标准的调整和技术体系的更新，未改进原有企业管理制度中不适应的规范、规则、程序。

（四）专业配置合理性不够

咨询单位在工程技术领域人员配置充分，但在市场、商务、经济、管理和法律等方面的专业人才较为匮乏，从而缺乏相关领域的系统知识，降低了咨询服务质量，难以形成竞争力。

三、监理企业转型升级，业务模式拓展延伸，提供多样化、差异化、特色化工程咨询服务的措施

（一）落实试点项目、试点企业

试点地区住房城乡建设主管部门应结合本地区实际制定试点方案，自行确定公布试点项目、试点企业。省级试点项目和试点企业由省住房城乡建设厅公布。鼓励未纳入全过程工程咨询试点名单的企业拓展全过程工程咨询服务。

（二）规范招投标行为

政府投资或国有投资试点项目应按照《招标投标法》组织全过程工程咨询招投标，不需要进行招标的社会投资试点项目可直接委托全过程工程咨询服务。住房城乡建设主管部门、建设单位、招投标代理企业应简化招标前置条件，在项目立项时即可进行全过程咨询单位招标准备工作。对于已经公开招标委托单项工程咨询服务的项目，在具备条件的情况下，可以补充合同形式将其他工程

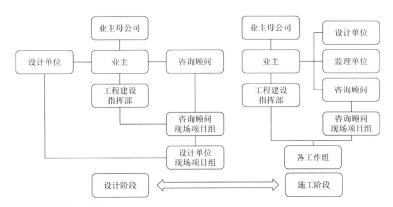

图3 设计和施工阶段组织构架

咨询服务委托给同一企业，开展全过程工程咨询工作。建设单位应根据自身特点确定全过程工程咨询的标的物、主要内容和评标办法，设立资质、资格和业绩条件，确定联合体投标和分项咨询业务分包等事项。住房城乡建设主管部门在抽取评标专家时，应听取建设单位意见，从现有专家库中抽取专家。

（三）放宽全过程工程咨询企业资质、资格限制

企业依法通过招投标方式取得全过程工程咨询服务的，可在其资质许可范围内承担投资咨询、工程勘察、工程设计、工程监理、造价咨询及招标代理等业务。全过程工程咨询项目总负责人应取得一项或多项与委托工作内容相适应的工程建设类注册执业资格。建设单位可根据工程特点，对关键岗位的专业人员提出相关资格要求。对承接全过程工程咨询的企业资质、资格不全的，住房城乡建设主管部门应持审慎包容态度支持企业转型升级、创新成长，帮助支持企业以灵活方式完成咨询服务。

（四）加快试点企业转型升级

试点企业应积极参与全过程工程咨询招标投标，改革企业内部工作流程，建立全过程工程咨询项目负责人制。对民用建筑工程，可委派注册建筑师为全过程工程咨询项目负责人；对市政工程和工业项目，可委派相应主导专业技术人员为全过程工程咨询项目负责人。培养复合型人才，完善质量体系，提高工程咨询价值，重塑企业品牌。积极鼓励试点企业并购、重组，其相应资质按照名称变更办理；积极帮助试点企业合作、参股，延伸产业链；积极支持试点企业补齐资质、资格短板，扩展资质种类，扩大注册人才队伍，不得以企业名称为由限制资质申报。

（五）充分发挥市场机制调节作用

全过程工程咨询服务应公开透明、充分竞争，实行市场调节，禁止行业垄断、地区保护。建设单位与咨询企业在合同中约定全过程工程咨询服务费，可根据各项咨询服务费用叠加控制合同价，也可采用费率或总价方式。新增咨询服务费应由建设单位与咨询企业协商确定。全过程工程咨询服务收费应在工程概算中列支，可总体列支，也可按各专项服务内容分别列支。采用概念方案招标的，建设单位可对未中标企业进行一定金额补偿。合同签订后，建设单位应提供预付款，工程概算确定后再分期付款。

（六）积极鼓励工程技术创新

鼓励咨询企业采用信息化、工业化等新技术，对应用BIM技术和工业化设计的，在全过程工程咨询评标中可给予加分。咨询企业采用技术创新带来投资节约、运行成本下降或工程寿命延长的，建设单位可将节约投资、提高效益的一部分奖励给工程咨询企业，奖励比例由双方在合同中约定。

（七）加强全过程工程咨询监督管理

试点地区住房城乡建设主管部门应明确全过程工程咨询试点工作的责任人，加强工程咨询服务质量监督管理，完善全过程工程咨询的招标投标、初步设计审批、施工图审查、工程监理及造价咨询等环节监管，提升监督管理能力，确保工程质量安全。咨询企业承担全过程工程咨询合同约定的责任，对其咨询成果的真实性、有效性和科学性负责，并承担勘察、设计及监理等法定责任。

（八）加快全过程工程咨询政策标准体系建设

住房城乡建设主管部门应制定鼓励全过程工程咨询发展的政策，制定全过程工程咨询技术服务标准、招标示范文本及合同示范文本。

（九）开展全过程工程咨询人才培训

住房城乡建设主管部门应制定全过程工程咨询人才培训计划，组织实施人才培训，相关行业协会应在专业技术人员继续教育和技术培训中强化全过程工程咨询教学，帮助企业培养全过程工程咨询复合型人才。

参考文献

[1] 杨佰平.工程监理企业开展全过程工程咨询服务相关政策简析[J].四川水利，2017（5）：115-117.
[2] 杨学英.监理企业发展全过程工程咨询服务的策略研究[J].建筑经济，2018，39（3）：9-12.

践行"一带一路"弘扬中国文化
——援牙买加孔子学院教学楼全过程工程咨询实践

西安四方建设监理有限责任公司

> **摘　要**：随着"一带一路"国家战略的不断推进，中国政府对外援建项目日益增多。西安四方建设监理有限责任公司与中国启源工程设计研究院组成联合体，参与中国政府对外援助成套项目管理中，积累了丰富的援外项目咨询管理经验。
>
> **关键词**：孔子学院；一带一路；援外工程

本文以援牙买加孔子学院教学楼项目为例，简述对外援助项目全过程咨询企业投标参与、专业考察、工程勘察、工程设计、工程施工、对外移交各阶段基本任务，分享"项目管理＋专业咨询"的工程咨询模式经验，不妥之处还望批评指正。

一、项目背景

牙买加西印度大学莫纳分校孔子学院于2009年2月13日成立，学院是中国和加勒比文化教育交流合作的新成果和里程碑，但苦于场地所限，无法面向学校及社会扩大招生，成立汉语系的愿望更无法实现。因此，两国政府就本项目可行性考察工作予以换文同意。

二、实施依据

（一）中国和牙买加两国政府于2013年8月21日换文。

（二）《关于援牙买加孔子学院教学楼项目可行性考察任务书》

（三）《援牙买加孔子学院教学楼项目立项建议书》

（四）《援牙买加孔子学院教学楼项目可行性考察报告》

三、建设内容

本工程主要包括普通教室、阶梯教室、厨艺教室、行政办公室、接待处、办公室、大小会议室、展示区、阅览室以及其他辅助用房。

四、援外工程现行管理模式下全过程咨询企业委托

（一）援外项目全过程咨询通常采用"中方代建＋施工承包"管理模式以及"受援方自建"的管理模式。

（二）中方代建项目由咨询企业开展方案设计、管理策划、工程勘察、设计咨询、造价咨询、项目管理、施工监理等咨询服务。选择有能力的施工企业进行施工任务，项目建成后以交钥匙的形式交付受援方使用。

（三）受援方自建管理模式由受援国自行完成项目可行性研究、勘察设计、工程监理、施工招标等工作。中方咨询企业对项目实施各环节进行监督管理，确保项目实施符合立项意图。

五、咨询服务阶段

（一）设计方案

1. 孔子学院以传播中国文化为教学目的，设计师借鉴了国内众多传统中式建筑的设计理念，确定了以传统中式建筑院落式的布局基础，通过合理的功能设计，创造出多层次的公共交流院落，既实现工程各项功能，又延续了中华传统文化的精髓。

2. 在建筑通风方面，方案主要靠通风窗进行自然通风，所有房间均采用浅进深设计，走廊采用开敞式外廊，有利

中式院落布局

中式特色的外立面

于自然通风，楼梯间设计为开敞式立面，有助于建筑通风。

3. 牙买加一年四季阳光充足，强烈的日照是建筑设计考虑的因素。因此，设计采用坡屋顶配遮阳板、遮阳百叶，开窗面积小、实墙面积比例大等技术措施。

4. 牙买加当地瞬时降雨量大，因此采用坡形屋面大挑檐外檐沟有组织排水，雨落管对屋面雨水收集后统一排至地下蓄水池，通过提升泵加压供绿化用水。

（二）管理方案

以项目管理为核心，紧抓质量、安全、进度、投资等控制牛鼻子。分析《项目可行性研究报告》及相关附件，编制项目管理、专业考察、工程勘察、设计管理、监理咨询等专项方案及项目实施进度计划。

（三）项目管理组织机构

根据工程特点，组建了国内及国外项目管理组。根据咨询工作需求配备专业齐全的专业人员及辅助人员，确保管理工作顺利开展。

（四）专业考察

1. 考察前按照专家评审意见对设计方案进行修改，在限额以内进行费用调整。

2. 根据咨询需求编制"专业考察搜资提纲"。

3. 落实项目周边及现场、受援国义务、法律法规、技术标准、特殊设计、地材供应、试验检测、物价水平等条件。

4. 就批准的设计方案与受援国实施部门沟通确认，听取需求和建议，编写"考察洽谈纪要"和"专业考察报告"。

5. 向采购执行人汇报专业考察情况，呈报《考察洽谈纪要》和《专业考察报告》。

（五）工程勘察咨询

1. 工程初勘组随专业考察组一同派出。

2. 在初勘工作完成，且与受援方完成设计方案确认后派出详勘组。

3. 对《工程勘察报告》和《工程测量报告》成果文件进行审查。

4. 按照"勘察进度计划"对工程勘察进度进行控制，确保深化设计工作顺利进行。

（六）深化设计咨询

1. 制定"设计质量控制流程总图""设计计划与技术沟通流程""专业设计条件确认流程""设计验证流程""设计产品交付流程""深化设计交底流程"等程序文件进行设计质量管理。

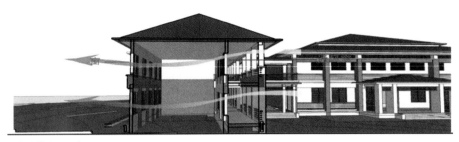
开敞式的通风设计

援外项目咨询组织机构图

2. 组织设计组编制"深化设计总进度计划""专业设计进度计划"。

3. 按照国家相关标准提出深化设计的深度要求，编制《深化设计自检审查手册》。

4. 定期组织召开设计协调例会，按照设计进度计划控制各专业设计进度。

5. 依据批准的设计估算编制组织开展限额设计，保证标准适宜，不过度设计。

6. 组织开展深化设计自检，完善设计内、外审手续，发生变更时调整优化设计概算。

（七）承包商采购咨询

1. 提交工程总承包采购技术资料，协助采购执行人开展承包商采购工作。

2. 协助采购执行人确定中标承包商，签订承包合同。

3. 参加承包商见面会进行管理交底。

4. 组织承包商踏勘项目场地，开展协调和实施对接工作。

（八）施工图设计咨询

1. 审查承包商报送的施工详图设计分包商资格、专业设计人员资格、施工详图出图计划。

2. 组织承包商和设计分包商进行深化设计交底。

3. 在规定的时间内完成施工图审查，出具《施工图审查报告》，随施工详图报采购执行人进行备案。

（九）施工准备管理咨询

1. 审批承包商物资采购计划，根据规定对国内采购物资进行验收，需要取样复试的进行见证送检。

2. 组织施工图纸会审及技术交底；完成施工组织设计及专项施工方案论证审批工作。

3. 工程开工前一个月派出先遣工作组赴受援国落实生活条件、办公条件、施工条件等事项。

六、施工阶段管理咨询

（一）承包商提出工程开工申请后，咨询企业对施工进度计划、施工道路、临时设施、材料、工程设备等各项条件核实后报采购执行人予以批准。

（二）按计划派遣专业设计代表，负责施工过程中图纸现场审批，检查施工对设计意图的执行，处理设计变更和设计解答，施工过程中监督竣工图编制。

（三）按照质量标准、施工详图、验收流程、强制性标准开展质量检查检验工作。

（四）根据进度管理需要进行目标分解，收集现场进度信息与计划对比后进行纠偏；物资采购计划是援外项目进度管理的重点，力求使其与施工计划相适应。

（五）对承包商安全生产责任制和安全文明施工管理体系进行管理，确保各项安全制度和措施的落实，组织生产安全事故处理，对承包商的特种设备进行验收和备案。

（六）进行供货商和材料设备选型确认、采购和变更管理、国内采购主要设备材料监督、受援方当地或第三国进口的主要设备材料的质量监管、出入境检验、现场检验等内容。

（七）项目资金依据承包商施工合同，按照受援国主管部门确认结果、咨询企业审核签发的支付证书支付。

（八）在采购执行人指导下代表采购执行人与受援方沟通对外实施协议执行事宜。对外实施协议的实质性变更或争议根据现场情况制定应对方案，经采购执行人批准后实施。

（九）党和国家领导人重大外事活动涉及成套项目的，咨询企业在采购执行人统一指挥下，做好重大外事组织和配合工作。

七、验收移交

工程验收分中期验收和竣工验收，由采购执行人委托第三方顾问咨询公司实施。

（一）中期验收在主体工程已按设计要求完工后进行，由工程承包商自检合格，咨询企业检查合格；施工技术资料已按有关规定整理完毕后由咨询企业会同承包商联名申请。

（二）承包商按照设计文件完成各分部工程施工内容，经现场管理组检查核实，且与工程承包商验收意见达成一致，咨询企业与承包商联名向采购执行人正式提交申请组织竣工验收。

（三）咨询企业在施工过程中监督和指导承包商编制竣工图，并对竣工图的真实性承担连带责任。

（四）采购执行人委托的顾问咨询单位认定项目内部竣工验收合格后一个月内，咨询企业与受援方政府指定机构共同组织项目对外技术验收，承包商配合验收。

（五）对外技术验收后，采购执行人代表中国政府与受援方政府办理政府间移交手续。竣工图和维护使用指导手册作为政府间移交手续的必备附件。

（六）依据采购执行人有关规定和合同约定归集、整理项目技术资料，技术资料在项目完成对外技术验收手续后60天内向采购执行人移交。

（七）需要实施援外长效技术支持的项目，参照立项协议和对外实施协议/合同规定执行。

八、四方监理公司开展全过程咨询项目实施情况

自 2015 年以来，公司先后在牙买加、苏丹、巴基斯坦、古巴等十余个国家开展对外援建成套项目管理工作 16 项。

援外项目全过程工程咨询业务的开展，是四方监理面对新形势、适应新常态、开拓新领域、推动转型升级促进高质量发展的有益探索，是对《国家发展改革委和住房城乡建设部关于推进全过程工程咨询服务发展的指导意见》（发改投资规〔2019〕515 号）"以工程建设环节为重点推进全过程咨询"的生动实践。

九、援外项目全过程工程咨询体会

通过多年援外项目全过程工程咨询实践，四方监理公司不断研究国际工程咨询管理标准，总结成功经验，形成了完备的援外项目咨询管理体系，项目咨询能力稳步提升。除 5 项援外项目在实施以外，2019 年公司又中标援孟加拉国吉大港烧伤科医院、援塞拉利昂外加培训学院项目全过程工程咨询任务。基于项目实践经验有以下体会：

（一）全过程工程咨询有利于充分发挥项目管理统筹集成作用

勘察设计咨询是阶段性的任务，项目管理处于项目建造主导统筹地位，目标管理和组织协调始终贯穿项目建造全过程，打通了项目实施各个阶段信息孤岛、管理壁垒，全过程工程咨询有利于充分发挥各专业咨询统筹集成作用。

（二）充分考虑受援国实际情况，因地制宜作好咨询策划

在项目勘察、设计和管理方案制定时，对项目立项意图和"可研"的理解程度，以及对项目当地自然、社会、经济、宗教人文、场址周边、水文地质、生活习惯等情况的了解程度，决定了设计方案和管理方案的编制水准，也影响着项目建设是否能够顺利进行。

十余项援外项目工程实践表明，一份成熟有效执行的全过程工程咨询策划文件，必须因地制宜充分考虑受援国实际情况。

（三）援外项目设计应充分考虑中外标准差异

援建项目是独立的，但项目是通过当地市政、电力等配套体系支撑运行，在项目设计时必须考虑水压、电网参数等当地标准。

实践表明中外标准必然存在差异，水压、电网等参数必须采用当地标准。

（四）援外项目设计应考虑后续维保和长效技术支持

援外成套项目质量保证期限主体结构以设计使用年限为准，其他非主体结构的专业工程质保期均不少于 11 年。除受援方政府负责项目运营管理外，承包商应对已建成移交的项目提供长效技术支持。因此，援外项目设计应保持与当地条件的适宜性，应充分考虑受援国当地市场供应能力、工程维保以及技术能力等问题。

（五）物资采购风险管理是海外工程管理的重点

咨询企业应把承包商物资采购计划作为审查重点，使其与施工计划相匹配。应把影响物资按期交付的海运、受援国政府办事效率、受援国与物资跨境国外交关系、当地劳动生产水平等风险作为关注重点。

（六）援外工程人员的技术能力、政治素质要求高

援外项目代表了中国先进的施工技术和项目管理水平，咨询工程师应具备解决不同技术问题和管理问题的能力；援外项目代表着国家形象，咨询工程师应有良好的技术水平、思想品质和政治素养，避免损害国家形象。

（七）援外项目要把应急管理工作做扎实做细致

受援国一般基础设施都比较薄弱，经常会出现停水停电、交通中断、自然灾害、社会骚乱等影响工程顺利进行的不利因素。应急管理涉及人身安全、施工进度、国家形象。因此，援外工程现场应急管理必须做细做实，切不可流于形式。

（八）援外工程应采用信息化技术辅助管理

项目现场组和国内组经常会面临时差问题，在遇到技术性问题时如果不能及时恰当地处理，会对现场施工产生影响，情况严重时会导致施工背离设计意图。因此，采用信息化的手段辅助项目管理，可增强对现场的技术和管理支持，提高项目决策效率。

结语

现阶段，中国工程建设全过程工程咨询尚处于起步阶段，这种管理模式被投资者认可并广泛推行尚需时日，这种模式的效益尚未充分体现，但通过国际上发达国家的多年实践证明，作为成熟的咨询模式，发展全过程工程咨询必然是咨询行业发展方向。推进国内的项目管理发展，需要政府支持，培育市场及咨询企业自身努力，监理企业在向全过程工程咨询转变的过程中应加强交流与合作，尤其加强与国外专业公司的交流与合作，汲取有益的经验，提高自身的综合素质，引导全过程工程咨询向着专业化、规范化、市场化的方向发展。

水电监理企业转型升级业务实践和思考

四川二滩国际工程咨询有限责任公司

摘　要：本文对水电监理企业开展全过程工程咨询的难点和突破点进行分析，并分享公司开展的典型新业务实践，提出水电监理企业应立足市场服务需求及如何适应变化。水电监理企业要不拘泥于服务方式和服务对象，快速转变监理角色，苦练企业内功和员工技能，为公司全面转型升级奠定坚实基础。

关键词：水电监理；建设—经营—转让（BOT）

一、企业简介

四川二滩国际工程咨询有限责任公司（以下简称"二滩国际"）是由中国电建集团成都勘测设计研究院有限公司控股（99%），具有独立法人资格的工程咨询公司，始终致力于大型水利水电项目及其他基础设施项目的建设管理及咨询业务。业务涉及板块涵盖工程监理、项目管理、工程（技术、管理、招投标）咨询、设备监造、水保环保监理等。二滩国际承担了众多巨型和大型水利水电工程、输变电工程、市政基础设施工程和房屋建筑工程的建设管理及工程咨询工作。

二滩国际拥有住房城乡建设部工程监理综合资质、中国设备监理协会设备监理乙级资质、四川省科技咨询行业经营资格证书（甲级）、水利部水利工程施工监理甲级资质等，可承担所有专业工程类别建设工程项目的工程监理业务，以及相应类别建设工程的项目管理和技术咨询等业务。

二、水电监理企业开展全过程工程咨询业务的困难

（一）受限于监理企业本身的资质、专业、技术和人才瓶颈

资质单一（缺乏勘察设计资质）、专业狭窄（仅监理、项目管理、咨询）、技术薄弱（缺乏核心的设计技术和软硬件条件），以及人才单一（以中低端管理型人才为主，缺乏复合型技术型人才）。

（二）外部市场（尤其二滩国际长期耕耘及熟悉的水利水电建筑市场）在短时期内还无法培育较多的全过程工程咨询服务招标项目。大型能源开发建设企业均长期从事大型水电项目开发，具有较为充足的梯队管理力量和技术人才资源，同时水电工程规模大、工期长、建设程序复杂、技术难度高、参与建设单位众多，可供选择、能够胜任的全过程工程咨询单位少（联合体模式需要市场积极培育），建设单位很难在短期内推出可实施的试点项目。即便少数水电工程项目近年已采用EPC建设模式，同步招标EPC监理，但其实质仍然停留在传统建设模式，且大范围推广的趋势并不明显。

（三）各地陆续推出了全过程工程咨询招标项目，但大多集中在市政、房建等城建方面，二滩国际在这些行业领域竞争优势欠缺。

三、业务开拓与典型案例介绍

随着国内相关建设企业借力"一带一路"和"走出去"发展倡议逐步走出国门，积极投资国际电力市场，一些企业面临缺乏专业管理及技术服务力量的现实状况和与国际接轨的机会；同时一些国有企业大力开展PPP项目、总承包项目，而又急需项目管理团队。我们正积极同有关国有企业、民营企业推荐和获取多种咨询组合服务模式的业务，依

托母公司（成都勘测设计研究院）总承包项目管理实践，通过培训人才、积累经验，为公司全过程工程咨询业务的拓展和实施打下坚实基础。

（一）老挝南塔河1号水电站工程项目（项目管理+施工监理）

1. 项目概况

工程位于老挝乌多姆赛省湄公河左岸支流南塔河上，是一座以发电为主，兼有防洪及其他综合利用效益的水利枢纽，水电站装机容量为168MW。项目总投资约为4.47亿美元，项目建设期4年，运营期28年。

老挝南塔河1号水电站工程项目由南网国际公司与老挝国家电力公司（EDL）以BOT方式共同投资开发建设，并成立老挝南塔河1号电力有限公司负责本工程项目的开发建设和运营管理。

项目业主通过公开招标方式引进专业化咨询公司——二滩国际，为老挝南塔河1号水电站工程提供项目实施阶段的项目管理和施工监理的服务。

2. 管理模式

老挝南塔河1号水电站项目建设管理采用"PMC模式"，由项目管理服务单位组建现场项目管理机构（以下简称"业主工程师"）代表项目公司履行项目实施阶段的项目建设管理工作（征地移民工作另行委托）。业主工程师负责提出工程建设管理体系构建实施方案，并在建设阶段受项目公司委托，全面负责对各相关参建单位（包括设计、监理、设备供应商、施工承包商等）建设活动的日常管理、协调工作，组织完成工程项目建设管理工作，实现项目投资建设各项目标。

业主工程师的工作内容包括工程建设过程中技术、质量、进度、投资、HSE的组织、协调、监控和管理，以及为项目公司各职能部门的日常工作提供支持和服务，同时协同项目公司工程部处理与老挝政府及老挝电力公司之间的外联和协调事务（图1）。

项目公司主要工作是负责重大技术方案决策和确定重要的技术经济指标、里程碑节点，同时进行外部建设环境及相关各方关系的协调，以及生产运行准备等。

项目公司对业主工程师的工作进行监督和考核。业主工程师的管理行为接受项目公司领导、监督、考核，其工作过程中所涉及需要处理的具体事务分为常规性事务和特殊性事务。业主工程师对施工承包商的监督和管理通过监理机构实现，监理机构的工作接受业主工程师的监督和管理。

3. 项目管理组织机构

业主工程师采用直线式组织结构，分为两个层级——管理层和执行层。管理层设主任1名、主任助理2名；执行层设置土建组、机电组、合同组、安全环保及水保组、设计管理组、综合办公室等6个部门，每个部门配置主管工程师1名、专业工程师若干名（图2）。

4. 项目管理主要工作

1）设计管理：包括设计文件的审查、批准与签发，设计计划管理，设计变更管理，现场设计服务监督和科研试验的管理以及技术咨询、设备采购的统筹协调等。

2）机电设备管理：业主工程师代表项目公司负责对机电设备成套供应商的工作进行协调、监督和管理，同时负责现场机电物资实物管理和供应商的现场服务管理。

3）HSE管理：项目公司牵头，项目公司工程部是归口管理部门。业主工程师主要工作内容包括构建和监督项目公司安全管理体系与应急管理体系；组织各参建单位开展日常与专项安全检查；开展风险预控管理；组织召开安委会；组织开展安全教育培训工作；组织HSE考核评比工作等。

4）质量管理：组织编制本工程质量管理办法和奖罚细则；贯彻落实工程建设质量目标；组织审签设计文件，监督设计产品质量和设计代表服务质量；监督核查参建单位的质量行为及工程实体质量；参加和组织除建设征地、移民安置、环境保护、水土保持、竣工决算以外的各类工程项目、专项、竣工验收。

5）进度管理：纠正合同执行过程中出现的进度偏差；细化编制项目一级进度计划；审查承包商提交的经监理审核的施工总进度计划、年度施工计划；参加进度协调会；跟踪检查设计单位的图纸供应情况、机电成套采购单位的设备采购制造供货情况、监理单位的进度控制情况、施工单位的进度执行情况。

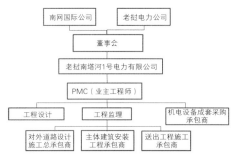

图1 老挝南塔河1号水电站项目建设管理关系图

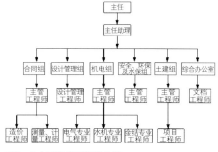

图2 业主工程师组织机构图

6）投资管理：制定结算管理办法；参与原始地形和土石分界线测量；审核监理机构签发的支付证书及计量、计价资料，办理合同价款结算，建立工程计量及合同价款结算台账；工程变更/索赔管理；编制工程建设类资金预算计划；积极推行设计优化、施工方案优化；设计变更和工程变更管理。

7）沟通和协调管理：建立沟通机制和管理程序；建立会议制度；配合项目公司职能部门处理与上级单位、老挝各级政府、当地居民，以及与老挝电力公司之间的沟通、协调事务和报告，为项目公司对外沟通、协调提供技术支持。

5.服务模式的优缺点分析

1）优点

（1）业主节省人员、精力和时间，可将主要精力放在功能确定、资金筹措、市场开发及重大决策事务上，并能借助项目管理团队的项目管理知识、工具和管理经验，达到项目实施的最优效果。

（2）项目管理与监理团队的有效组合达到资源优化配置，可以集中统一利用公司总部的资源，有效降低运营成本。

（3）项目管理与监理团队分工明确，职责清晰，工作内容上形成互补，沟通顺畅，决策迅速，执行力强。从宏观上对项目的管理与控制，从微观上对项目现场施工实施了真正有效管理。

2）存在不足

（1）未对项目进行全面的管理承包

项目公司平行设置多个管理部门，PMC项目管理部只作为其中一个部门参与建设项目管理，业主保留了较多人员的管理项目；在工程项目宏观管理和重大事项决定方面只有建议权没有决策权；工程管理PMC委托时段只包括项目实施阶段，工程管理PMC团队均未涉及前期策划、可行性研究、项目定义、计划、融资方案，以及设计、采购等方面管理。

（2）界面管理较复杂

PMC项目管理部只作为项目公司管理框架内其中一个部门，在通过界面管理程序确认相关各方面的界面关系、信息资料传递方式、各自的责任以及各界面的工作程序，缺乏有效的依据。

（3）项目工程师对监理管理的约束机制不健全

项目管理和监理为独立运营，各自组建机构和团队，在实际运营过程中所处立场和角度有所不同，但又作为同一家企业的共同利益角度出发，在项目管理过程中对监理管理有时难免疏于统一管理。

6.项目建设实效

南网国际公司提出要把老挝南塔河电站打造成为"一带一路"倡议下东南亚地区的标杆项目。自开工以来，工程建设情况得到了老挝政府及股东单位的充分肯定。目前，该工程下闸蓄水发电，关键线路上的相关工作提前一年完成，工程各项目标已基本实现。

（二）某市政基础设施PPP项目管理（项目建设采取"PPP+EPC"模式）

1.建设项目概况

某市政基础设施项目建设包括5个合同子项，总投资约5亿元，合同建设期2年。该市政基础设施PPP项目是由社会资本方与地方政府方共同出资，联合设立了具有独立法人资格的项目公司，具体负责本项目的投融资、建设、运营维护及移交。其中PPP项目合同中明确了将项目EPC交由社会资本方具体实施。

鉴于社会资本方相对缺乏类似项目建设管理专业技术力量，受电建集团成都院的委托，对外代表社会资本方，二滩国际承担代表其实施大部分SPV项目公司（业主）管理工作及全部EPC合同"建设管理"工作。

2.项目建设管理结构

项目建设组织结构主要涉及地方开发区管委会、SPV公司、EPC项目部、各分包商等，详见图3。

3.二滩国际承担的主要工作

1）SPV项目公司管理工作

（1）SPV项目公司组织结构

SPV项目公司是由社会资本方和地方政府联合组建，具有独立法人资格的经济组织，采用董事会决策、总经理负责制。董事长、总经理由社会出资方派员担任，地方政府派人员分别担任董事和副总经理职务，其中政府方派出的副总经理常驻项目现场，参与项目建设管理的综合协调工作和报批报建、资金审

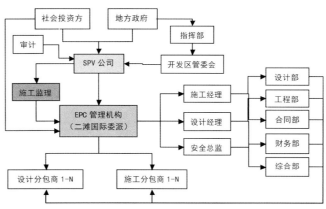

图3 项目建设管理结构

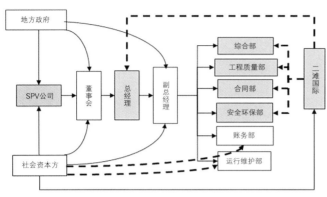

图4 SPV项目公司组织结构图

核等工作履职。SPV项目公司下设6个部门：综合部、工程质量部、合同部、财务部、安全环保部、运行维护部。其中SPV项目公司综合部、工程质量部、合同部、安全环保部由二滩国际派员组成。SPV项目公司组织结构详见图4。

（2）SPV项目公司管理工作

①综合管理方面：公司行政、公共关系、人力资源管理，公司治理、建设管理，项目报批、报建工作。

②党建方面：公司党建工作和执行公司"三重一大"议事规则。

③投资控制及合同管理：招标采购管理和费用审批管理。

④工程施工管理：制定公司计划、工程建设协调管理、重大技术变更、组织各阶段验收。

⑤安全及环水保管理：工程建设安全生产、水土保持、环境保护、职业健康管理和节能减排监督工作。

⑥财务管理（社会资本方派员负责）：公司价值资产管理、财务预算、决算工作、融资工作、资金使用、税务（税费）工作。

2）EPC项目的建设管理（图5）

（1）施工管理：监督施工分包商履约检查、参加验收、工程计量复核和签认工作，协调与地方的纠纷处理。

（2）合同及费用管理：编制资金预算、控制工程费用、分包合同工程付款审核、费用控制、变更、索赔处理等。

（3）设计管理：负责合同所约定范围内的勘察、设计管理工作。

（4）安全及环水保管理：国家、地方安全生产法律法规宣贯及监督分包商执行管理。

（5）综合管理：负责对外关系的协调，负责信息档案的管理，项目日常办公、生活事务的管理。

4. 项目建设进展情况

截至2019年7月底，项目总计完成合同总额约60%工程量。

5. 工作体会

1）协调工作量大，需要应付多头协调工作，综合协调能力要求高。

SPV项目公司、EPC管理机构在工作期间，其协调对象远超传统的监理机构，协调难度也远超传统监理机构协调事项，对其员工尤其项目负责人的协调能力和综合水平要求甚高。多头协调对象详见图6。

2）角色变化大，需要快速适应

SPV公司及EPC管理机构需要周旋于除参建单位以外多个对象的管理和沟通协调，角色转变大（图7）。

3）工作方式灵活多样

通过对项目所处环境（政策、地理、人、物、风俗习惯等）的理解，琢磨一套实用的非固定不变的工作方式，力争以高效管理、最小的代价为委托人获取更大的利益。

四、水电行业监理企业转型升级的思考

（一）"新的"工程建设管理服务将成为业务转型升级的契机

随着建设模式呈现多样化发展趋势及多个板块社会资金的不断介入，社会对

召开施工协调会

过程施工现场形象

安全月活动

防洪度汛演练

图5 EPC项目的建设管理

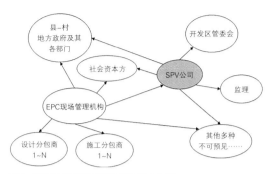

图6 SPV公司及EPC管理机构协调对象图

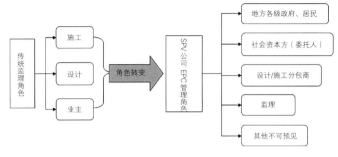

图7 传统监理角色转变图

建设管理和咨询服务需求的范围快速延伸,对服务质量的要求不断提高,市场业务实质上呈现增长趋势,市场潜力巨大,传统监理企业实现业务转型升级的机会已经来临。"新的"工程建设管理服务需求宽泛,市场潜力巨大,是水电监理企业业务转型升级的主要方式。

1. 服务对象发生了较大变化

由单一的水电行业投资建设单位,扩展到水电行业内外凡是有建设管理及咨询需求的所有参建方,譬如各类建筑投资开发商、地方政府各部门及其代理、勘察设计企业、施工承包商、咨询企业、多个企业组成的联合体等(图8)。

2. 服务范围和工作内容发生了明显变化

由于传统监理企业追求企业转型升级和生存需要,以及适应于服务对象的不断扩展和演变。服务对象对服务范围和工作内容的要求已远远超出了传统施工监理的范畴(图9)。

(二)监理企业应积极转变思路、培养理念、提高能力以适应新的建设管理工作的要求

传统监理企业需要正视国家政策和市场环境不断变化的新趋势、新需求,积极转变传统施工监理的思维定式,更新固有守旧理念,突破传统理念的禁锢,寻求业务转型的方向和突破口,同时大力推进企业人才和技术升级,只有具备核心的人才和技术优势,再通过孜孜不倦地提供优质服务,才能获得潜在的各类客户的青睐,才能适应"新的"建设管理模式带来的服务对象扩展、服务范围和工作内容大幅延伸的市场新形势。企业提升关键因素:内部管理机制和制度、企业员工能力。

(三)立足市场需求,多形式为工程建设提供服务

咨询服务企业应不拘泥于工程建设的特定阶段和服务方式为工程建设提供服务才能生存和发展。水电监理企业必须勇于探索包括水利水电工程类在内下述的服务特点:

1. 多个建筑行业,如市政公用、水环境、房屋建筑、公路工程、铁路工程、农村改造等。

2. 多个阶段,决策阶段、设计阶段、施工准备阶段、建设实施阶段、竣工验收及移交、运维阶段。

3. 多个板块,设计及技术咨询、招标采购/招标代理、造价咨询、项目管理/代建、建设管理、工程监理、专项评估咨询。

4. 多种方式,角色不断转换,与各种建设模式相适应的非固定不变的工作方式。

培养适应新需求的新型综合性复合型管理人才,解开企业制度枷锁,将企业发展为创新型现代化咨询企业。

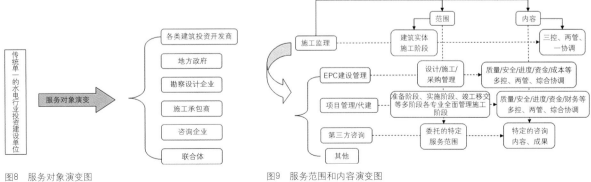

图8 服务对象演变图　　图9 服务范围和内容演变图

关于全过程工程咨询取费的探讨

刘建叶　刘丽军　尹慧灵　李光跃　张玮琦

河北中原工程项目管理有限公司

> **摘　要：** 全过程工程咨询进行优质的服务应有与之相对应的服务费用，全过程工程咨询服务取费标准应体现"优质优价"的原则，才能有利于提高建设项目全过程工程咨询服务的质量水平。然而目前国内现行的取费模式与取费标准与国家倡导的市场化、国际化相悖，受到传统计划经济的条条框框制约很大，取费模式和取费标准有待完善。本文针对全过程工程咨询取费存在问题进行了剖析，对取费标准进行了探讨。就全过程工程咨询推进过程中，如何确定合理的收费标准，保证市场公平竞争，提供优质优价的服务提出了建议。
>
> **关键词：** 全过程工程咨询；取费；问题；建议

一、推行全过程咨询的现状及存在的问题

随着《国家发展改革委　住房城乡建设部关于推进全过程工程咨询服务发展的指导意见》（发改投资规〔2019〕515号）的落地实施，全国各地全过程工程咨询如雨后春笋般兴起，然而中国工程咨询相较国外发展较晚，仍然存在一些问题：

（一）行业发展的法制环境问题：相关法律法规不健全，市场机制的决定性作用还未充分发挥，市场无序竞争仍较突出，行业自律组织体系建设面临挑战，自律管理与服务还需规范提升，工程咨询单位体制机制改革进展不均衡，发展活力没有得到充分释放。

（二）工程咨询行业发展问题：工程咨询产业结构调整不到位，与现代信息技术的融合刚刚起步，转型升级难度较大，理论方法和技术创新动力不足，能力建设有待加强。

（三）中国国际工程咨询力量较弱：国际化高端人才不具规模，国际工程咨询规则体系缺乏"中国声音"，国际市场竞争力与行业实力不匹配。

（四）全过程咨询取费模式和取费标准欠合理：全过程工程咨询是咨询服务产品的全面升级，是智力密集型、技术复合型的服务，管理内容多、服务时间跨度长、协调整合难度大。简单的业务收费叠加不足以表现全过程工程咨询的服务特性。

本文就国际咨询的取费模式、标准和国内取费模式、标准进行了对比，就国内全过程咨询取费模式进行了粗浅的分析；就全过程工程咨询取费存在的问题进行了探讨；就全过程工程咨询推进过程中，如何确定合理的收费标准，保证市场公平竞争，提供优质优价的服务提出了建议。不妥之处请同行指正。

二、国际全过程工程咨询的取费模式与取费标准

（一）国际全过程工程咨询取费模式

国际上工程咨询业起步很早，发展到现在也已经很成熟。目前国际上工程

咨询取费主要有两种模式：一是固定费用模式，二是成本＋酬金模式。

（二）国际上工程咨询取费标准

国际咨询业取费水平逐年提高的趋势已连续数年，工程咨询人员的待遇和条件不断提高。如美、英等国工程咨询师的月薪达1万~2.5万美元，日本、印度、韩国工程咨询师的月薪也为0.2万~1万美元；而中国的咨询业年薪为6万~10万元人民币，中国工程咨询师的年薪只相当于甚至不足于美英两国工程咨询师的月薪。

三、国内全过程工程咨询的取费模式与取费标准

（一）试点省市全过程工程咨询的取费模式与取费标准的实施情况

全过程工程咨询在中国目前还处于起步阶段。2017—2018年各试点省、市相继发布了全过程工程咨询试点工作方案，对全过程工程咨询收费问题进行了积极探索。下面就部分省市全过程工程咨询试点方案收费模式进行梳理（表1）。

各试点省、市的试点工作方案虽提出了计费模式，却未提供详细的全过程工程咨询收费标准。

（二）目前执行的"1+N"叠加计费模式和取费标准

2019年通过试点经验的总结，广东省的《建设项目全过程工程咨询服务指引（咨询企业版）（征求意见稿）》（粤建市商〔2018〕26号）和《陕西省全过程工程咨询服务导则（试行）》（陕建发〔2019〕1007号）文件中建议全过程工程咨询服务计费采取"1+N"叠加计费模式，具体方法：

"1"是指"全过程工程项目管理费"，"N"是指项目全过程各专业咨询（表2）。

综合国家试点省市的试行经验，2019年《国家发改委 住房城乡建设部关于推进全过程工程咨询服务发展的指导意见》（发改投资规〔2019〕515号）发布，其中第五条第二款明确指出："全过程工程咨询服务酬金可在项目投资中列出，也可根据所包含的具体服务事项，通过项目投资中列支的投资咨询、招标代理、勘察、设计、监理、造价、项目管理等费用进行支付。全过程工程咨询服务酬金可按各专项服务酬金叠加后再增加相应统筹管理费用计取，也可按照人工成本加酬金方式计取。鼓励投资者或建设单位根据咨询服务节约的投资额对咨询单位给予奖励。"

四、目前国内全过程工程咨询取费模式与标准存在的主要问题

（一）传统的取费模式和标准不适应全过程工程咨询的开展

515号文中指出的取费模式相对合理，但项目管理费、统筹管理费的取费标准缺少相关政策文件的指引，在某种程度上影响了全过程工程咨询取费的可操作性。且全过程工程咨询并不是现有碎片化模式咨询服务的拼接式打包，而是咨询服务产品的全面升级。全过程工程咨询的一大特点就是资源高度整合集中、信息复杂，因此管理难度高，造成人才需求和成本过高现象。全过程工程咨询进行高质量的服务应有与之相对应的服务费用，全过程工程咨询服务取费标准应体

全过程工程咨询试点省份取费模式　　　表1

序号	试点省份	取费模式					统筹费
		叠加式	人工计时单价	基本酬金+奖励	可奖励	费率或总价	
1	浙江省	√		√	√		
2	四川省	√	√		√		
3	广东省	√				√	
4	福建省	√		√			
5	江苏省	√					
6	湖南省	√				√	
7	广西壮族自治区	√	√		√		
8	宁夏回族自治区	√		√	√	√	√
9	吉林省	√		√	√		
10	河南省	√	√				
11	陕西省	√					

全过程工程项目管理费参考费率　　　表2

工程总概算（单位：万元）	费率（%）	算例	
			全过程工程项目管理费（单位：万元）
10000以下	3	10000	10000×3%＝300
10001~50000	2	50000	300+（50000−10000）×2%=1100
50001~100000	1.6	100000	1100+（100000−50000）×1.6%=1900
100000以上	1	200000	1900+（200000−100000）×1%=2900

现"优质优价"的原则,才能有利于提高建设项目全过程工程咨询服务的质量水平。然而目前国内现行的取费模式与取费标准与国家倡导的市场化、国际化相悖,受到传统计划经济的条条框框制约很大,需要对取费标准进行思考、探讨。

现在的全过程工程咨询中的各专项服务的取费均参照的是2013年或更早颁发的取费标准。这几个取费文件已实行近十年的时间,人员工资水平、市场竞争程度、智能化工具的应用等都已经发生了很大变化,参照原有标准取费对于全过程工程咨询的发展非常不利,有悖于发展市场经济的初衷,也不符合国家开展全过程工程咨询向世界接轨的目的。

从目前工程咨询行业现状来看,各咨询单位的利润少之又少,很多工程咨询单位都是根据费用的多少来安排人员,这就造成管理人员数量不足或能力低下,达不到国家发展一批具有国际水准的咨询企业,与国际化接轨的初衷。全过程工程咨询服务取费标准应体现"优质优价"的原则,传统管理模式和取费已经制约了全过程工程咨询的开展。

(二)取费标准与国际同行业相比还很低

在国际上根据建设项目的种类、特点、服务内容的程度不一,各地的工程咨询取费略有差异,整体在工程总投资的1%~4%之间浮动。例如,以工程总投资为基数,美国取费占3%~4%,德国占5%(含工程设计方案),日本占2.3%~4.5%,东南亚大多数国家在1%~5%。中国现行咨询取费标准大多是以工程概算中建筑安装成本为基数,取费比率平均约占0.6%~2.5%。中国取费标准的基数和取费比率均远低于国际水平,显然不利于中国公司与国外同行竞争,也不利于中国建设项目咨询服务水平的提升。

(三)全过程工程咨询中项目管理取费参考标准欠妥

项目管理服务费用按建设单位管理费计取,收费标准明显偏低,不尽合理。

《建设工程项目管理试行办法》(建市〔2004〕200号)中规定:"工程项目管理服务收费应当根据受托工程项目规模、范围、内容、深度和复杂程度等,由业主方与项目管理企业在委托项目管理合同中约定。工程项目管理服务收费应在工程概算中列支。"但再无其他相关政策文件对项目管理收费有明确的规定。

建设部《关于培育发展工程总承包和工程项目管理企业的指导意见》(建市〔2003〕30号)中规定:"项目管理服务是指工程项目管理企业按照合同约定,在工程项目决策阶段,为业主编制可行性研究报告,进行可行性分析和项目策划;在工程项目实施阶段,为业主提供招标代理、设计管理、采购管理、施工管理和试运行(竣工验收)等服务,代表业主对工程项目进行质量、安全、进度、费用、合同、信息等管理和控制。工程项目管理企业一般应按照合同约定承担相应的管理责任。"

根据项目管理的定义,历年来项目管理取费一直参照《基本建设项目建设成本管理规定》(财建〔2016〕504号)文中项目建设管理费执行,但二者之间存在较大不同:

1. 收费性质不同

项目建设管理费按照504号文规定是指项目建设单位从项目筹建之日起至办理竣工财务决算之日止发生的管理性质的支出。而项目管理收费是专业化项目管理企业的一项经营收入,项目建设管理费只能冲抵项目管理公司发生的直接费,项目管理收费不仅包含直接费,还应包括公司管理间接费、公司利润和公司收入所需缴纳的税金。

2. 收费范围不同

建设单位管理费没有考虑管理人员风险和项目风险,而专业化企业的项目管理收费则包括所有的费用支出,人员风险和项目风险均应考虑在内。

3. 收费内涵不同

《基本建设项目建设成本管理规定》(财建〔2016〕504号)文规定:"待摊投资包含项目建设管理费、代建管理费、临时设施费、监理费、招标投标费、社会中介机构审查费及其他管理性质的费用。"项目管理取费应该为项目建设管理费与部分代建管理费之和,而非单独的项目建设管理费。

综合上述意见,全过程工程咨询的项目管理取费参照项目建设管理费计取明显偏低,影响到全资的取费过低,不足以支持全过程咨询服务的正常实施。

(四)政府指导价与市场经济运行规律不适应

随着中国建筑业的逐渐成熟和中国市场经济的崛起,政府指导价在一定程度上约束了行业的发展,不能体现市场调节作用,也体现不出优质优价的行业导向,不利于行业的进一步发展。随着市场经济的扩大化,工程咨询行业步入了市场经济的时代。

2014年国家发展改革委发布了《关于放开部分建设项目服务收费标准有关问题的通知》(发改价格〔2014〕1573号),2015年又颁布《关于进一步放开建设项目专业服务价格的通知》(发改价格〔2015〕299号),两个文件的相继出台,完全放开了项目前期工作咨询费、工程勘察设计费、招标代理费、工程监理费、环境影响咨询费等5项费用。这两个文件的出台对把中国咨询业纳入市场经济调节中起到了积极作用，同时也为全过程工程咨询执行市场取费提供了有力的支撑。

从目前的市场运行来看，一是项目的取费参照标准时间过长不适应现有市场环境（项目管理取费参照的2004年200号文，招标取费参照文件为2002年的1980号文，监理取费参考文件为2007年的670号文，造价取费参考中价协2013年35号文）。二是招标控制价与发展市场经济相悖。这些因素对于推行全过程工程咨询来说起到限制作用，不利于全过程工程咨询行业持续健康发展。

（五）信息化技术手段无明确取费标准

全过程工程咨询服务的顺利实施需要智能化、平台化的技术手段，保证统筹协调管理。因此全过程工程咨询管理服务应充分利用"互联网+"、云计算、物联网、BIM等信息化技术手段，可以将项目建设各环节活动信息、数据高度集成化存储，推动信息、资源在项目各参与方之间的共享，打通各环节之间壁垒，实现全过程咨询项目的价值增值。而对于应用BIM、大数据等信息化技术手段的取费，目前国家并无规范标准，各地在实施过程中自行确定一些标准，取费基准不同，取费比率也具有较大的随意性；不利于智能化工具在全过程工程咨询项目中的应用。

（六）取费没有体现责、权、利对等的原则

全过程工程咨询服务，每个单项业务按照相应规范要求都有明确的责任、义务和处罚措施，原有的碎片化管理模式，各负其责，很难从项目全生命周期考虑工程投资的效益，从而对整个项目产生经济效益。而采取全过程咨询模式，咨询公司介入得早，退出得晚，在整个项目决策、建设、运营过程中起着至关重要的作用，通过全过程咨询单位的努力，项目节约投资、提前工期、质量创优很有可能实现，但相对于奖励方面，往往只有在决算投资低于合同约定时才可能有较小比例的奖励，甚至这点儿奖励都很难实现；全过程工程咨询单位通过优化设计方案和强化现场管理带来全寿命周期成本节约、工期提前以及获得政府质量奖项等却没有任何奖励，这样起不到应有的激励作用，不利于全过程工程咨询服务水平的提升发展。

（七）取费中未考虑人才与智力成果相对应

全过程工程咨询服务是智力密集型、技术复合型的服务，管理内容多，服务时间跨度长，协调整合难度大。服务优劣表现在企业人才素质、知识水平、技术水平的强弱上。

全过程咨询较传统咨询模式，要求参与全过程工程咨询服务的人才既要有强大的知识储备、业务面广；又要有丰富的实践经验、综合素质高。但是全过程工程咨询取费标准中忽视了人才的智力因素，没有体现激励原则，按照传统取费模式叠加，难以保障咨询公司配备足够的高素质人才，直接影响了项目的实施，既有悖于国家推行全咨的初衷又不利于咨询企业的发展。

（八）投资节余奖励很难实现

各试点全过程工程咨询方案的计费方式中大多有"对咨询企业提出并落实的合理化建议，建设单位应当按照相应节省投资额或产生的经济效益的一定比例给予奖励，奖励比例在合同中约定"。

但是在现行的建设项目投资管理体制下，投资节余的奖励方式难以实现。由于建设工程本身的复杂性和现行配套措施、制度的不完善，从以往的实践来看，咨询单位能够把投资控制在概算内已属不易，基本"享受"不到节余奖励。

目前还没有明确的节余奖励制度以及详细条款来参考奖励比例，也无法量化"节省的投资额或产生的经济效益"，合同中也无法明确约定。即使投资有可能节余，但是建设资金是在项目前业业主争取而来，往往会通过各种理由把"投资方投资的用于项目建设本身的资金"用于项目建设上，节余奖励成了空头支票，失去应有的激励作用。

（九）取费标准未考虑工程职业责任保险

从事全过程工程咨询，涉及的职业责任较大，咨询单位为适应市场机制的需要，可以购买职业责任保险亦称"职业赔偿保险"。与国际咨询工程师联合会（FIDIC）相比，中国监理、勘察、设计合同的规定中均未涉及工程师的职业责任保险，有关工程师赔偿责任的条款也模糊不清，使得工程职业责任保险的保障范围过小，无法补偿工程师的失误带来的损失。目前，各咨询单位均未购买职业责任保险，因此，取费较低，与国际咨询公司相比相差更大。

五、全过程工程咨询取费模式与标准的解决方案建议

（一）全过程工程咨询取费标准有待完善

目前咨询服务的取费标准不健全、不完善，很少有行业协会发布取费标准，

各地一个项目一个标准，无法统一，也就造成无序竞争，所以取费标准应该适时建立，及时调整。而且，各行各业的工程建设的复杂程度不一，各种专业服务取费标准差异很大，不是一个调整系数就能解决的。政府应拨专款督促各行业建设工程协会，适时制定各行业各咨询专业的取费标准指导意见。

简单的业务收费叠加不足以表现全过程工程咨询的服务特性，建议参考现行的建设工程服务收费标准的调整规定，根据企业资质、公司经验、工程难易程度对收费进行适当调整，形成适当的费率修正系数，确定最终的费用。

$$P = P_0 \times R_1 \times R_2 \times R_3$$

P_0：参考现行的建设工程服务收费标准确定的取费

R_1：企业资质调整系数

R_2：公司经验调整系数

R_3：工程难易程度调整系数

（二）增设全过程咨询统筹管理取费指导意见

各行业中信息技术、大数据的使用在基本建设领域越来越广泛。随着信息技术的发展，人工智能在建设领域的使用，大大提高了咨询效率与效果，但智能化的应用会增加购买信息设备的成本，这些都应该在咨询取费中体现。比如，BIM技术在建设项目中的使用，咨询单位要购买BIM软件以及与之适应的配套设备，投入较大，但BIM的使用深度与取费无标准；大数据的使用对优化设计方案、统筹管理具有非常明确的优势，但数据库的获取，也需要投入大量的资金，这部分费用也无法从咨询费中获取。

（三）调整全过程工程咨询中关于项目管理费的取费参考依据

在现有全过程工程咨询模式下，咨询公司投标报价时，往往根据招标文件中的拦标价进行报价，而拦标价往往是招标公司根据504号文中的项目建设管理费制定的，拦标价的制定偏低是造成恶性循环的根源，低拦标价造成低中标价，低中标价势必造成咨询人员数量减少、服务质量下降，而人员数量和质量的下降必然造成管理效能降低、服务质量难以保障，想要从根本上解决问题，就需要"优质优价"，而前提就是从拦标价进行调整，从不适用的取费标准进行调整。

（四）发挥市场机制，体现"优质优价"，维护权、责、利对等原则

国有投资项目，政府要求进行全过程咨询，有关法律法规明确了咨询服务工作的责任和义务但对其取费的权利却没有明确规定。基于责、权、利对等的原则，政府应制定与之相适应的咨询服务取费指导价。

非国有投资的鼓励进行全过程咨询的项目，咨询服务取费应鼓励实行市场指导价。建设方和咨询单位是完全按照"需求和信任"关系建立起来的委托咨询关系，理应由他们双方在充分考虑咨询服务市场供求和竞争状况基础上自主定价。全过程工程咨询服务取费标准应体现"优质优价"的原则，才能有利于提高建设项目工程咨询服务的质量水平。

另外，全过程工程咨询服务取费应考虑到智力成果因素，明确惩罚和奖励的条款，这样才将责、权、利统一起来，有利于全过程工程咨询服务的发展。

（五）全过程咨询取费应增设咨询单位的职业保险取费

实行咨询工程师职业责任保险是一项国际惯例，在中国推行咨询工程师职业责任保险制度具有积极的意义。

咨询工程师所面临的职业风险是十分巨大的，如果因咨询工程师失误造成业主或第三方损失，工程咨询单位要承担相应的赔偿责任。以建设监理为例，《建设工程委托监理合同》规定："监理人在责任期内，应当履行约定的义务。如果因监理人过失而造成了委托人的经济损失，应当向委托人赔偿。"然而工程咨询单位主要是为业主提供技术服务，其自身的经济实力较弱，经济赔付能力非常有限。一旦因咨询工程师的原因给业主和第三方造成重大损失，则很难保证受损失方得到应有的赔偿。例如中国现行的监理合同的规定："监理单位因行为过失给业主造成损失的最高赔偿额不超过监理报酬总额。"这显然对受损失方是不公平的。事实上，随着业主自我保护意识的增强，业主对由于咨询工程师责任引起的经济损失，要求全额赔偿的呼声越来越高。另一方面，即便是这有限的赔偿费，对工程咨询单位也是一个巨大的损失，信誉损失更是无法估量。

如能对全过程工程咨询实施强制保险制度，一方面可以保护合同各方的权利和经济利益，另一方面可以完善中国咨询工程师制度。与时俱进与国际接轨，才能使全过程咨询服务走得更远，而实施强制保险制度的前提是全过程咨询的取费内容中包含这部分费用。

参考文献

[1] 余宏亮，李依静，肖月玲. 全过程工程咨询收费标准研究及应用[J]. 建筑经济，2018, 39(12).

[2] 傅峻. 关于国内外全过程工程咨询异同的探讨[J]. 决策探索，2019(6).

[3] 谢春光，罗仲达，叶倩. 建设项目全过程工程咨询取费模式及标准的实践与思考[J]. 价值工程，2019（23）.

[4] 付俏修，王玉明，张咏雯. 建设项目全过程工程咨询取费模式及标准存在的问题与对策探讨[J]. 价值工程，2019（24）.

夯实发展基础　志在厚积薄发
监理企业战略转型发展的探索与实践

山西交通建设监理咨询集团有限公司

随着国家进入改革的深水区和攻坚期，以经济体制改革为重点的市场化改革、简政放权的速度加快，促使全国的监理行业亦步入深化改革时期，工程监理费全面放开、实行市场调节价、缩小强制监理范围。近年来工程建设行业更是洗牌迎来新的格局，全过程咨询将成为发展的必然方向，对监理企业产生了直接或间接的影响。作为服务于工程项目的交通监理行业，如何从单一的监理服务转型为项目"全过程"服务，如何实现转型发展已成为业内议论的热点，也是整个行业需要共同努力的。

作为监理行业大军中的一员，山西交通建设监理咨询集团（原山西省交通建设工程监理总公司）成立于1993年5月，是中国工程建设监理制度开始试点推行后第一批成立的公路工程监理企业，2016年年底完成公司制改制，2019年年初作为母体整合5个监理咨询企业，成立山西交通建设监理咨询集团。从国民经济和社会发展第八个"五年规划"之重点公路建设项目——太旧高速公路起步，在二十几年的时间里，从成立时的山西省仅有6个监理项目、30多人，发展到拥有6家子公司，注册资本达4亿元，从业人员1000余人的交通监理集团，积累了一定的业绩、资质、品牌和人才优势。2011年在交通运输部开展的首次高规格评选中被评为"优秀品牌监理企业"，2015年和2019年获得"优秀品牌监理企业"。2012年中标太佳高速临县黄河大桥BOT投资人，成为监理企业作为投资人做BOT项目的"第一人"，在全国交通监理行业也是个重大突破。纵观企业20多年的发展历程，我们不断摸索，不断前行，企业转型发展一直在路上。

一、洞悉行业风向，探索转型之路

像大多数监理企业一样，集团的转型发展伴随着工程监理行业的发展，走的每一步，都跟国家的经济发展、产业政策、投资政策及市场航向息息相关。

（一）政策引领。早在2014年9月，交通运输部召开全国公路建设管理体制改革座谈会，副部长冯正霖在讲话中提出要重点深化6个方面的改革，其中包括"改革工程监理制，促进监理行业转型发展"，引导监理回归"工程咨询服务"的本质属性，鼓励扶持和引导监理企业逐步向代建、咨询、可行性研究、设计和监理一体化等方向转型。之后的2015年2月交通运输部印发《关于全面深化交通运输改革试点方案的通知》（交政研发〔2015〕26号），在江西、湖南、陕西开展公路建设管理体制改革试点工作；2015年4月，交通运输部出台《关于深化公路建设管理体制改革的若干意见》（交公路发〔2015〕54号），明确提出创新项目建设管理模式，调整完善监理工作机制，引导监理企业逐步向代建、咨询、可行性研究、设计和监理一体化方向发展。

2017年，国务院办公厅、住建部等政府部门和行业协会发布了推进全过程工程咨询的系列文件。2017年2月，国务院办公厅印发《关于促进建筑业持续健康发展的意见》（国发办〔2017〕19号），提出"培育全过程工程咨询"，这是政府发文中首次明确使用"全过程工程咨询"这一新提法。2017年5月，住建部《关于开展全过程工程咨询试点工作的通知》（建市〔2017〕101号）选择北京、上海、江苏、浙江、福建、湖南、广东、四川等8个省（市）以及中国建筑设计院有限公司等40家企业开展全过程工程咨询试点，其中包括北京方圆工程监理有限公司等16家监理企业；2017年6月至8月，浙江、四川、广东、湖南、福建五省的住建厅先后制定本省全过程工程咨询试点工作方案，确定委托方式、计费模式、企业和人员要求等。2018年3月，山西省住房和城乡建设厅下发《关于加快推进我省全过程工程咨询发展的通知》征求意见稿，制定了重点培育全过程工程咨询企业遴选办法及量化标准；4月山西省政府出台《关于加快咨询业发展的实施意见》，提出了咨询发展的重点领域、重点任务和政策举措。近年来，一系列工程建设行业相关政策文件出台，为监理企业推进转型发展提供了依据，也指明了方向。

（二）市场推动。20世纪80年代，中国的基本建设领域开始实行改革，大力推行建设项目监理制。在中国实行建设工程监理制度过程中，监理范围基本局限于施工阶段，而且只是以质量监理为主，与发达国家的工程项目管理相比，还存在很大的差距；国家的强制推行也使得监理行业的发展具有很大的依赖性，监理行业的发展后劲不足。在国际金融危机的冲击下，国家曾相继推出了进一步扩大内需、加大基础设施投入等重大举措，基础设施建设高潮带来了巨大的市场需求。但大部分监理企业专注于现有的市场瓜分和盲目扩张，并未感受到来自未来市场的压力。当我们感知到市场趋于饱和时，往往已经面临供大于求的现实。从公司的经历来看，近几年公路建设高潮消退，山西省内高速公路开工项目很少，省外存在地方保护主义，监理市场逐步萎缩，监理项目明显减少，竞争也异常激烈，生产经营形势非常严峻。

作为建设行业产业链上重要一环的工程监理企业，公司需要在国家转型升级创新发展的政策引导下抓住契机，发挥自身潜在优势和能力，克服理念和操作上的瓶颈问题，积极应对市场环境，努力推动企业转型发展。

二、拓展业务领域，发展全过程咨询服务实践

为了提升企业的抗风险能力，近年来，集团公司制定了"完善服务功能，拓展业务领域，逐步形成'一业为主，多元发展'的经营格局，由资本积累向资本运营，由工程监理向建、养、管一体化转变"的发展战略，以传统的公路建设市场为重点、以传统的监理基础性业务为核心，不断在产业链上建立和强化自身的业务能力，探索业务协同、低成本、高效率的发展模式。

（一）横向延伸拓宽监理的业务范围。公司陆续申报取得了特殊独立隧道、特殊独立大桥、公路机电工程监理专项资质和市政公用工程监理、房屋建筑工程监理资质，积累了特殊独立隧道、特殊独立大桥的管理经验，将监理的业务范围延伸到了房建、机电和市政工程，并开展了高速公路养护监理。

（二）纵向拓展"监理+"模式。公司以监理业务为依托，组建了技术专家组，请来了全国知名的路基、路面、隧道、机电、结构、地质、爆破等行业专家，先后为多个高速公路项目（其中包括全国第二公路长隧）提供了专家技术咨询服务；承担了多个项目的业主中心试验室业务；连续10年承担了北京市交通委员会路政局所辖的北京市公路路网巡查及养护咨询，在为业主提供更高层次、更加全面专业服务的同时提升了监理的水平；通过参与公路运输枢纽规划（地级市）、公路路网规划（县级）、城乡交通一体化的编制工作，与规划、设计深度对接，培养和锻炼提前参与项目前期工作的能力和整体思维；与中工国际合作完成了"委内瑞拉瓜里科河灌溉系统农业综合发展项目"的咨询任务，以及与以色列ROM公司接触，积累了国际咨询业务和对外合作经验。

（三）代建和项目管理进行碎片化整合。通过横向延伸和纵向拓展，公司积累了不同项目、不同服务内容的一些"碎片化"业绩和经验。在此基础上，中标承担了北京市昌平区昌金路改建工程和奥运工程北京白马路监理代建管理项目、北京市黄马路预防性养护工程项目管理、北京路政局顺义公路分局木孙路"监理+工程管理"项目，以及青海省加西公路工程PPP项目"综合咨询服务+施工监理"。这些项目中，公司除承担常规监理工作之外，还负责工程前期、拆迁协调，以及施工全过程的组织、实施、外部协调、管理，编制工程决算和相关技术资料，缺陷责任期内的工程管理服务等工作，并对所涉及的从业单位进行综合协调和管理。这些项目管理和代建项目，成为公司从碎片化咨询走向全过程咨询的有益尝试。

在坚持不懈地对"监理+代建"模式的政策依据、项目可行性以及山西省的管理现状等进行资料收集、调查研究和持续探索，及前期积累了丰富经验和形成了良好的信誉基础上，2018年9月，公司成功中标山西省道汾屯线沁源松罗至上滩段改建工程项目，这是山西省首个采用交通运输部倡导的"代建+监理"一体化模式进行管理的项目，"代建+监理"监管一体化模式在山西实现了零的突破，公司的转型发展之路又向前迈进了一大步。

（四）成功的资本运作。基于公司对工程监理咨询服务要回归高端的深刻理解，公司一直在积极考察、酝酿和参与投资项目，借助不断积累咨询、代

建项目管理经验和业绩，通过成功的资本运作，2012年中标某项目BOT投资人。这是山西省第一个监理企业作为投资人做的BOT项目，在全国交通监理行业也是个重大突破。这个项目的成功运作，不仅意味着公司转型发展的口号真正落了地，而且增加了"山西交通监理"品牌的含金量，从而使品牌更具发展优势和潜力。这个项目虽然委托了建设单位进行项目建设，但公司从投资人的角度由"被动型"向"主动型"转变，从"粗放型"向"精细化"转变，重点放在项目整个生命周期的全程监控和管理上，充分发挥了监理在造价、计量、质量控制等技术方面的优势，同时也通过项目投标、审批、合同体系、贷款落实等项目运作以及与财政、发改、物价、工商等政府部门、金融机构的接触，涉及了项目全生命周期中很多未知和陌生的领域，积累了宝贵的经验和教训。

三、深化创新发展，引领企业未来

面对新常态，对于国内工程监理企业而言，可谓机遇与挑战并存。公司除了需要更多的政策支持引导和市场培育外，还需要大力强化自身能力建设，选择好自己的市场定位和发展战略，在企业转型发展的道路上坚定前行。

（一）转型升级倒逼企业体制改革。从体制上来看，监理企业要实现持续健康发展，只能建立在先进完善的现代企业制度上。监理企业走上市场主体地位的历史较短，大部分企业存在经营范围狭窄、法人治理结构不完善、缺乏现代企业制度建设、人才队伍紧缺等问题。如果说简陋经营、粗放管理的企业，在强制监理初期尚可"守株待兔"的话，在市场波动、强手如林的今天仍不思变革，难免沦为行业重新洗牌的"牺牲品"。为了克服体制弊端，适应现代市场经济的发展需要，2016年，公司已启动并完成了公司改制工作，以建立完善的法人制度为主体，理顺公司法人治理结构，以产权清晰、权责分明、管理科学为特征，按照现代企业制度的要求，形成权力机构、决策机构、执行机构和监督机构的制衡机制，引导企业步入制度化、规范化、科学化的轨道，为企业转型发展奠定了坚实基础。

（二）整合重组为企业转型升级增加动能。近两年，国企重组整合成为经济新常态下供给侧结构性改革的重要突破口，各个省市的国有交投集团加快步伐合并重组。2017年11月山西成立交控集团，旗下整合了投融资、设计、施工、监理、运营等诸多企业单位。按照交控集团市场化导向、竞争力目标、专业化重组、板块化经营、科学化监管的要求，2019年初整合6家监理企业重组为山西交通建设监理咨询集团，深化行业资源整合，进行组织重塑、业务链重构、技术提升、管理流程再造，着力抢抓机遇、对标一流，提升企业的竞争力，为企业转型发展增加了动能。

（三）勇于尝试和突破，努力推动监管一体化模式。在收集、理解"监理+代建"模式政策依据、可行性、优势与缺点的基础上，通过开展大量的调研，公司发现"代建+监理"监管一体化模式能够发挥传统建设管理模式下的主要优势，较好地改进传统建设管理模式的弊端，促进工程建设的优质、安全和高效，已经合法化、时代化并积累了可复制的成功经验，亦得到了政府的肯定和支持。对于监理企业来说，监理做一体化有其明显的比较优势，可以使企业中的优秀人才得以充分利用，为企业留住人才和吸引高端人才，向产业链的高端发展提供了新的出路，还可以把现有富余人员在项目建成后妥善安置，同时，提高了监理企业的经济效益，为监理企业的转型发展创造了条件。接下来，公司将以培育"代建+监理"项目管理模式为目标，进行内部提升变革，打好转型升级组合拳，做精、做专、做强、做大企业，逐步向高层次、多样化的管理模式发展。

从单一产业到相关多元，从技术服务到增值服务，从人力密集到资本运作，公司不断增加成长曲线中的价值含量，提升企业综合实力，公司对监理企业转型发展的探索一直在路上，未来，公司也将坚持不懈地通过自己的探索和实践，将企业转型发展之路继续向前推进。

将项目部文化建设作为企业文化建设的突破口
——关于民营监理企业文化建设的探索

陈炼　兰勇　湖南楚嘉工程咨询有限公司
张驰　湖南湘银河传感科技有限公司

目前，监理全行业正处于转型升级的重要时期，面对新的行业形势，民营监理企业亟待提升企业的竞争力，才能在新的形势下焕发出勃勃生机。我们从2009年开始了企业文化建设摸索，十余年下来，历经磕磕碰碰，取得了一些成效，也走了不少的弯路。首先是发现民营监理企业文化建设方案不能照搬国有监理企业的文化建设思路；其次是不能套用其他大多数行业的企业文化建设思路，必须探索适合本行业的文化建设方案。最重要的是，发现监理企业文化建设的重点必须设在项目部。只有项目部文化建设水准得到了提升，才能推进企业整体水平的提升。现结合我们的实践，和各位交流监理企业文化建设的做法，期望得到业内同仁指教，也希望能够为业内人士提供些许参考。

一、监理企业文化建设的特点

（一）民营监理企业文化建设的特点

监理企业具有明显的所有制特点，相对于国有监理企业，民营监理企业优势和劣势都很明显，怎么样扬长避短，是民营监理企业文化建设的主要课题。

1.企业的品牌效应相对不足

1）对人才尤其是高端人才的吸引力相对较差。

向往体制内的企业，这是员工就业的首要考虑因素，尤其是高端人才更是如此，导致民营监理企业很难招收一流的人才。即使招揽成功，也不能保证能够留住人才。

2）人才和技术储备处于劣势

国有监理企业大都隶属于设计院所，设计院所的专业人才和先进技术都有一定的储备，专业配备更齐全，随时可以充实监理企业。

3）无上级主管部门支持，经营处于劣势

一般情况下，国有体制的监理企业，主管部门或者所属行业都会给予项目支持，至少是政策的支持，只是程度不同而已。民营企业则完全依靠市场竞争，经营方面劣势明显。

2.分配机制相对灵活，激励机制有多种选择

民营监理企业的分配机制相对灵活，体现在两方面：

1）企业管理者有决策自主权，可以采用相对灵活的工资、奖金及福利分配等激励机制，用工制度也相对灵活。

2）企业有多种股权设计方案可选择，可制定股权激励机制，提升团队凝聚力，激发员工的积极性。

（二）监理企业文化建设的行业特点

1.绝大部分员工常驻项目，质量、安全等各方面的问题也反映在项目部。

监理企业的管理人员占比约为3%~5%，即现场项目部人员占了95%以上。95%的员工分散在各项目驻守，以项目部为团队履行企业对现场的监管职责。亦即项目部人员的执业水准，代表了企业的专业能力和企业品牌价值。

文化建设首先需要不断的宣传，以营造文化氛围，但项目部通常仅有小型会议，效果也就无法保证，很难营造出浓厚的文化氛围。

2.理工科思维占主导

监理企业员工理工科专业占90%以上，文化建设概念比较抽象，理科生很难建立文化思维，接受度也较差。

3.监理人员流动性大

监理企业尤其是民营监理企业，业务来源没有稳定的渠道，企业监理团队规模大小决定于项目数量，项目数量又受制于多方面的因素。企业与现场监理人员只能采用松散型的人事关系来维系，导致人员流动性较大。

文化建设是一个日积月累的过程，系统性和连续性都很强。由于流动性大，大大增加了培训工作量，提升了培训成本，也降低了文化建设的效率和效果。

4.职业道德水准要求高

现场监理人员在履职过程中，要经

常面对金钱、物质等诱惑，与文化建设背道而驰的"索拿卡要"现象时有发生。这类问题甚至在局部地区演化成了行业的潜规则，对企业及行业的形象造成了严重的伤害。

5. 文化建设宣传载体的限制

文化建设需要营造氛围，是一个通过听觉、视觉进行宣传的过程，日积月累才能收到效果。监理企业管理人员不多，办公场地一般都不大，现场项目部一般在项目现场安排一至二间办公室。从公司到项目部，基本没有足够的空间布局文化建设的宣传内容，无法通过环境渲染形成一个浓厚的文化氛围。

总之，监理企业的项目部是企业的前沿阵地，企业的专业水准、职业素养、廉洁意识等，都集中体现在项目部。监理企业的文化建设的重点设在项目部，才有可能提升企业整体文化建设水准。但项目部开展文化建设，要突破诸多局限，这是监理企业文化建设的关键所在。

二、企业核心价值观的提炼

"能享受长久成功的公司，一定拥有能够适应世界变化的核心价值观。"提炼出适合行业特点、体制特点及企业本身具体情况的核心价值观，是民营企业文化建设的首要任务。提炼出适合民营企业的核心价值观，设计出与之相配套的价值理念板块，制定出实施办法及监督措施，企业文化建设的设计才算完成。

适合企业具体情况是指适合企业的性质、员工与企业的关系、员工的主流诉求等。只有适合企业具体情况的核心价值观，才能引起员工的共鸣，唤起员工维护公司形象的文化自觉性。

企业价值理念体系是实现核心价值观的一系列举措，是为实现核心价值观服务的。诸如制度文化、共享文化、创新文化、廉洁文化等，都必须与核心价值观相适应。

核心价值观不能主观确定，是经过对企业进行诊断、分析后提炼得来的，需要有深厚的群众基础。为了提炼出适合公司具体情况的核心价值观，我们特意将公司当时近期发生的几件影响较大的事情罗列出来，分析其产生的根本原因，结果发现，问题大都出在项目部，管理层问题相对少很多；问题大都出在责任感之上，偶然事件占极小的比例。

什么能够驱使员工建立起很强的责任感？作为民营企业，做大到一定程度，实际上企业所有者和员工都是在为社会作贡献，但员工往往认为，他们是为老板打工，很难做到每个员工都有很强的责任感。主人翁意识才是员工竭尽所能履职的终极动力，这是员工的主流诉求。

对此，我们提出了"共享"的理念，以项目部员工为主体，"共享"企业的发展成果，如将公司的股份拿出一部分作为赠送给已经有一定贡献的员工（具体问题的处理上有很多故事，这里不细说）。"共享"的理念稳定了公司及项目部骨干员工团队，同时也使其他员工有了期望愿景和目标，激发出员工的内在驱动力，形成了凝聚力非常强大的队伍。

作为民营企业，提炼出能够凝聚全体员工的核心价值观，才能充分发挥自己的优势，弥补不足之处。"合众人之私以成一人之公"，我们用上了曾国藩的成功之道，实现发挥民营企业与国有企业的相对优势，在分配机制上做足文章。

然后，发动员工对核心价值观进行讨论，提出意见。最终定稿为"打造一流楚嘉品牌，建设属于自己的家园"。历经十年的检验，大家觉得还是比较符合公司实际情况的。

三、与核心价值观配套的文化建设体系

有了适合本企业的核心价值理念，还得分析本企业的具体情况，找出与核心价值观配套的文化建设体系，其中最重要的是核心竞争力的选择与培育。我们设定了包括企业核心竞争力培育、建立企业与员工之间的情感纽带、员工共享发展成果，以及突出廉洁文化建设等四个方面组成与核心价值观相对应的价值理念体系，并全部与项目部文化建设密切关联起来。

（一）选择和培育企业的核心竞争力

监理企业的核心竞争力，无非是人才、技术、人脉、业绩及信誉等几方面，每个企业都有其强项和相对的短板。根据其强项，提出适合本企业核心竞争力的板块。如湖南省的一些企业整体竞争力不够，就利用其在化工方面相对丰富的积累，将化工专业监理作为其核心竞争力的板块培育，几年时间就形成了湖南省化工监理的品牌。

以刚刚才起步的全过程咨询为例，目前企业之间优势不明显，企业核心竞争力培育相对容易取得成效。一旦成功，则企业的转型升级完成，可谓是一举两得。

从公司的实际情况分析，无论人才储备还是人脉、业绩、信誉等，在全省范围内都谈不上优势和潜力，唯有智能安全监测技术，历经10多年的不断研发和提升，已经达到了国内先进水准（湖南省住建厅的课题鉴定结论），并且已经在国内广泛使用，是监理行业为数不多

的亮点。故公司的核心竞争力培养方向，拟定为智能安全监测技术在工程监理的应用。

项目质量安全管理是监理企业的主要职责，也是企业存在价值的集中体现。更多地采用管理创新、技术创新，以弥补人才及技术素质的短板，是突破民营监理企业人才瓶颈的重要途径。工程监理一直以来是依靠人工履职，人工凭经验履职受到了诸多局限，即使是信息技术快速发展的今天，信息创新在建设领域的应用还远远不够，有很大的提升空间。

（二）建立员工之间及企业与项目部员工之间的情感纽带

建立以人为本的制度文化，在企业内部形成浓厚的情感纽带，提升团队的凝聚力，是我们的初衷。同时，加强员工之间、管理人员与项目部一线员工的情感联系。

监理企业员工工作地点分散，检查、督促都很难收到理想的效果，无论怎么详尽的制度和管理办法，都无法做到适应每个行政区域、每个项目及每个员工的实际情况。同时，规定是否得到有效执行，很难进行长期的监督。采用人性化的管理制度，使员工自觉提升职业道德水准，营造自尊自爱自觉的文化氛围，培养文化自觉的荣誉感，效果更好。

人性化的制度，顾名思义是制定的制度充满人性化，使员工能够感受到企业的温情。人性化的管理制度，可以成为企业与员工的情感纽带，形成一种无形的向心力，但这样的制度仅仅适合于综合素质相对较高的团队，否则将出现严重的后果。

（三）突出项目部廉洁文化建设

"文化而润其内，养德以固其本"。廉洁文化作为先进的文化形态，反映了当代中国先进文化理念。作为监理行业，违背廉洁原则的行为分为两方面。一是"送"，二是"索拿卡要"，二者对象不同，目的不同，但危害同样严重，造成的恶劣影响及对国有资产造成的损失是相同的。为什么要"送"，相当一部分是自身的本职工作做得不好，履职不到位，期望通过"送"，求得质量安全监督部门的包涵；至于"索拿卡要"，则是利用监理的一点小权利，进行利益交换，害人害己，损害国家和他人利益。

将提高一线员工职业道德水准、强化廉洁自律作为企业文化建设的重点建设内容，以此牢固树立企业的品牌形象。

（四）将项目部文化建设作为企业文化建设重点

监理企业员工分散的特点决定了企业对现场项目部的管理有诸多困难，也一直是监理企业管理的薄弱环节，可以说，企业存在的大多数问题，也是项目部的问题。我们也一直在苦苦寻求新的管理制度，以期提升项目部管理的实效，但收效一直不够理想。

为此，我们改变了策略，将监理项目部的文化建设作为企业文化建设的重点，将企业文化建设的所有内容，都与项目部管理关联起来，努力提升一线员工的文化自觉水准。经过多年的努力，总算是取得了一定的效果，虽然离我们的目标还有不小的距离，但感觉方向是没有问题的。

（五）探索共享文化

共享文化即全体员工共享企业的发展成果，从而激发员工维护企业品牌，提升员工的责任感和主人翁意识，这是民营监理企业的优势。

共享的目标主要体现在两方面。一个是满足员工精神层面的追求，使员工以企业主人翁的姿态，感受企业成功的快乐；另一个是满足物质方面的需要，使员工感觉到努力的回报。

企业合伙制、股份制是市场经济的潮流，也是共享文化的核心。我们在多年前就开始了尝试，也深深地感觉到了这是所有文化建设措施中最难处理的事情，但仍然不遗余力地坚持着。

四、文化建设的实施

（一）宣传措施

鉴于文化建设是一项抽象的工程，故文化建设的实施方案，需要根据企业的实际情况，分阶段、分内容、分层面坚持不懈、反复宣传、认真落实，才能深入人心，形成企业的文化氛围，转化为全体员工的自觉行为。同时，和任何组织措施一样，都需要有监督机制，才能够落到实处。久而久之，形成一种文化自觉行为，那才是文化建设初见成效。

1. 常规的宣传

1）公司新闻题材，通过报纸、网络及微信等媒体进行宣传，提升员工的自豪感和信心。

2）不定期发布企业文化建设的文字材料，表彰优秀事迹，提升员工在企业的存在感。

3）根据形势的变化，不定期修改员工手册。经常宣传员工手册的内容，尤其是新员工，将接受本企业的员工手册、本企业的文化作为入职的前提条件。

4）公司每季度都对现场项目进行例行巡检，将项目部、分公司的文化建设作为一项巡检的内容，并独立检查、评比。

5）公司的监理日志、信函等，都

设计了针对性很强的文化建设宣传内容，使之形成一种独有的文化氛围，变成企业的一个标识。

6）公司文化建设内容作为新员工培训的教材之一，也作为新项目部上岗前培训的重要内容。

2.典型事迹宣传

每个企业都有自己的特点，根据自己的特点，制定出符合企业本身实际情况的宣传办法，既能够达到事半功倍的效果，也能够体现文化个性。

湖南楚嘉工程咨询有限公司成立20多年来，发生了很多感人的故事，涉及对企业的忠诚度、勇于坚持原则、不顾个人得失维护企业品牌形象等各方面事迹，是企业文化建设最好的教材。但这些事迹仅仅在小范围内传颂，有的甚至不为人知。为此，我们拟印刷《楚嘉情怀》一书（在收集资料阶段），将员工发生过的事迹编写成故事，印刷出版，作为公司典型事迹的宣传。消息刚刚发出去，就收到了员工积极的响应，如某总经理因当年业绩不佳，勇于担当，主动降职任副总经理；有业主支付监理费时多付了几十万元，公司第一时间退回；有员工为了工作结婚不休婚假等。"雁过留声，人过留名"，将这些故事整理出来，对增强团队向心力、凝聚力是非常好的题材。

3.拟利用公司筹建园区的机会，在园区营造具有企业特色的文化氛围。使员工每时每刻都感受到企业的文化气息，提升员工的文化自信。

1）拟将公司25年的发展史及发展过程中经历的坎坷、取得的成绩、为公司的发展作出贡献的员工等内容，用一个文化长廊表现出来，使员工充分了解公司的发展史和深厚的文化底蕴。

2）拟在园区的建设过程中，使用本公司的各项信息技术，使园区成为智能监测技术、建筑智能技术的示范园区，其中包括智慧园区的建设。

（二）监理项目部文化建设措施

1.根据公司文化建设整体规划，制定项目部文化建设实施方案

1）不论现场办公室条件如何，现场项目部的宣传必须包括质量安全、廉洁自律文字宣传，有条件的项目部，再增加诸如企业价值、理念等内容。

2）将智能技术预控质量安全隐患作为楚嘉监理项目部的标配。

（1）针对每个项目实际情况，分析该项目存在的质量安全隐患。

如房屋建筑工程的深基坑、高边坡、塔机、高支模等；桥隧工程的高边坡、深部位移、裂纹、应力应变等。如果项目设计还处在施工图设计阶段，则建议将智能安全监测纳入设计方案及预算。如果施工图设计已经完成审批，则在申请增加预算的同时，和施工单位协商，由施工单位出资，进行智能安全监测。

（2）提出采用智能安全监测技术，即针对性地预控质量安全隐患的方案，提交给项目指挥部。

（3）会同参建各方，解决资金来源问题。

（4）如果得到相关单位的认可，则安装智能监测仪器设备，通过监测平台进行安全监测，同时向有关各方宣传现场智能安全监测的意义。

（5）如果未能得到相关单位认可，则一方面继续做工作，争取得到支持。同时，加大人工监测力度，确保项目安全。

3）廉洁文化实施方案

（1）不仅企业向建设方提交廉洁承诺书，项目部也向参建各方提交廉洁承诺书，包括承诺的内容、"索拿卡要"如何处罚等。

（2）在项目部召开的工程例会上，作为一项常设议题，请参建各方监督的同时，也实行自我约束。

（3）将项目部员工廉洁记录纳入员工的诚信记录，未达到廉洁标准的且屡教不改的员工，报协会纳入监理工程师诚信记录。

（4）将廉洁记录作为项目部及个人评优评先、加薪晋级的依据。

4）将树立典型作为现场项目部的一项经常性的工作，随时随地收集项目部及员工的优秀事迹。

作为对外窗口，企业的品牌特点都是通过项目部展示出来的，如企业的质量安全理念、管理理念、职业道德水准、技术素质等。项目部员工的优秀事迹，具有很高的可复制性。同时，也可以据此对本企业的品牌价值作出正确的评估。

挖掘项目部员工文化建设事迹，使之成为项目部的一个经常性工作，发现优秀事迹第一时间组织宣传报道，并据此找到项目部存在的不足之处，然后进行短板补强。项目部员工的优秀事迹由总监或者总监代表记录，作为员工诚信档案资料，纳入项目部及公司评先评优，以及加薪、晋级的依据。

2.项目部文化建设方案监督监控

1）采用智能印章管理系统，对项目部进行实时监控，使项目部履职的资料（按清单目录）审批规范化，包括其他如项目部员工的考评信息、安全监测结果、各种文化建设活动等，都自动存储在平台，以便随时查阅。这样一来，所有项目部的履职行为都实时处于监控之中，解决了项目部难于监管的难题。

2）将文化建设四项内容作为公司对项目部进行巡检的必检内容，发现问题及时解决。如出现职业道德问题，即刻组织调查落实，一旦查有实据，则坚决按处罚办法处理。

3）每年年底对所有项目部文化建设成效打分、排队，对排名靠后的10个项目部，公司派专人针对性帮扶，直至排名提升到倒数10名以上为止。

4）对连续三年评比进入前十名的项目部，主要成员有共享公司发展成果的优先权。

（三）管理制度人性化

公司运行多年来，各项管理制度已经初步完善，但在制定规章制度的过程中，多次进行过是否采用人性化制度的讨论。同时，在制度规定之外，也充分体现公司的人性化管理理念。

1. 财务借支。公司不成文规定，员工遇到特殊困难，经办公会议讨论通过，将予以支持。截至目前，员工借支已经超过1000万元，而且没有出现过一起员工故意违约。

2. 为员工募捐。近千名员工，出现需要求助的可能性概率很大。每次出现类似事件，公司都动员员工慷慨募捐。截至目前，数次募捐都得到了员工的积极响应，展示了企业良好的团队精神。

3. 为员工担责。项目部履职，有一定的安全风险，公司已经出现过多起因为坚持原则而人身安全受到威胁事件。对此，公司不仅为员工买意外伤害险，还主动承担一切后果，使勇于担当的员工无后顾之忧。

（四）共享企业发展成果的举措

共享企业发展成果的核心措施，就是用股权奖励有突出贡献的员工。

对有突出贡献员工赠送股份，一直是本企业的计划，目的是提升员工的主人翁意识，提高团队的凝聚力。公司于2011年实行了一次，拿出32%的股份赠送给骨干员工，这一措施也得到了广大员工的拥戴。后来在执行过程中出了些问题，至2013年将所赠送的股份由公司按市场价格赎回。这次失败并不是方向错了，而是设计不够周密的原因。赎回的举措，也得到了全体员工的一致好评。后续计划目前还在制定方案的过程中，估计近年可以提出新的股改方案。

（五）弘扬正气，抵制低俗文化，营造积极向上的文化氛围

公司不成文规定，工间休息时间可用于文体活动，但不能打牌，更不能赌博，公司管理层及项目部都是如此；公司管理层员工不能和总监及其他有利益关联的员工私下打牌；项目部员工不能被施工单位及材料供应商等单独请吃、参加文娱活动等。

公司不成文规定，除婚庆、直系亲属亡故等重大家庭事件之外，不得举行送礼金性质的聚餐，如生日庆典，管理层如此，项目部也是如此。

（六）企业文化建设培训常态化

企业文化建设是一个复杂的系统工程，是一个逐步理解、循序渐进、日积月累的过程，不能急于求成。一旦设计完成，就必须在各个层面进行常态化的培训，使企业的核心价值观逐步为员工所接受，使各种文化建设落实变成员工自己的自觉行为。

培训可以多种多样，如新员工培训、新项目上岗前培训、项目部例行检查针对性培训、作为会议议程进行宣传培训等。

五、文化建设的成效

公司历经十余年的文化建设，时间不算太长，所制定的规划也还在摸索过程中。虽然谈不上有了显著的效果，但培育出了比较浓厚的文化氛围及良好的发展态势。如作为主平台的监理板块，10多年来，每年有超过100个监理项目，截至目前，未出现过一起质量安全事故；尤其是质量安全智能监测板块，历年来所监测的400余个大中型高危项目（地铁、高铁、桥隧等），无一例质量安全事故。团队向心力稳步提升的同时，企业的核心竞争力也在逐步形成。

结语

以提炼企业核心价值观为核心，以培育企业核心竞争力为手段，以项目部文化建设为突破口，是我们探索十余年文化建设的基本思路。文化建设不能脱离社会大环境，必须与时俱进。如遇到行业大环境的急剧变化，或者企业内部出现大的异动，或者是经营方向改变，文化建设的内容和方式也必须作出相应调整，以适应新的形势。亦即文化建设没有尽善尽美的一天，永远在建设的路上。

工程监理企业开展全过程工程咨询服务的探索与实践

邓祥彬　阴发盛　许航健

> **摘　要**：2019年3月，国家发改委联合住房城乡建设部发文《关于推进全过程工程咨询服务发展的指导意见》（发改投资规〔2019〕515号）提出在房屋建筑和市政基础设施领域推进全过程工程咨询服务发展，鼓励发展多种形式全过程工程咨询，重点培育全过程工程咨询模式，在优化市场环境、强化保障措施等方面提出一系列政策。在国家一系列政策的推动下，传统建筑模式的改革，全过程工程咨询的推进已成为必然，建筑企业的转型也成为企业发展的必经之路。
>
> **关键词**：全过程工程咨询；项目管理；BIM技术应用；工程监理

一、充分认识推进全过程工程咨询服务发展的意义

为深化投融资体制改革，提升固定资产投资决策科学化水平，进一步完善工程建设组织模式，提高投资效益、工程建设质量和运营效率，国家不断推行政策鼓励全过程工程咨询的全方位发展，其目的在于让咨询回归本质，与国际接轨，参与"一带一路"建设，进而推动中国建筑业做大做强。

自改革开放以来，工程咨询的发展经历了三个阶段：第一阶段，计划经济向市场经济转变，以及国际化的需要，促进了投资项目组织管理方式的改变。第二阶段，政府管理体制的不断完善和工程咨询服务市场化快速发展，形成了投资咨询、招标代理、勘察、设计、监理、造价、项目管理等专业化的咨询服务业态，部分专业咨询服务建立了执业准入制度，促进了中国工程咨询服务专业化水平提升。第三阶段，随着中国固定资产投资项目建设水平逐步提高，为更好地实现投资建设意图，投资者或建设单位在固定资产投资项目决策、工程建设、项目运营过程中，对综合性、跨阶段、一体化的咨询服务需求日益增强。这种需求与现行制度造成的单项服务供给模式之间的矛盾日益突出（当前阶段）。为化解矛盾，国家推行全过程工程咨询，从而破解工程咨询市场供需矛盾，破解制度性障碍，深化工程领域咨询服务供给侧结构性改革，为固定资产投资

及工程建设活动提供高质量智力技术服务，全面提升投资效益、工程建设质量和运营效率，推动中国建筑行业高质量发展。

二、全过程工程咨询能力要求与建设体系分析

虽然业界对全过程工程咨询的服务阶段、服务深度及标准等意见尚未统一，但对于全过程工程咨询的核心定位已形成基本共识，即遵循独立、科学、公正的原则，由一家具有综合能力的工程咨询单位或多家工程咨询单位（明确牵头单位）组成的联合体，综合运用多学科知识、工程实践经验、现代科学和管理方法，为政府部门、项目业主提供覆盖建设项目前期、准备、实施和运营全过程或两个以上阶段或同一阶段多项内容的技术和管理咨询服务活动。

从政策层面和定位来看，国家对全过程工程咨询服务是高起点、高定位、高目标，这需要能够提供全过程工程咨询服务的企业站在行业的最高端，引领行业发展。因此，国内工程咨询企业要尽快适应服务模式的转变，从单一的服务主体和服务模式向多元化的服务主体、多样化的服务模式转变，为业主提供精细化、高附加值的服务，做到覆盖全过程、优化全流程、实现全闭环，最终为客户创造价值。

工程咨询企业应抓紧制定全过程工程咨询的发展战略，构建与战略发展相适应的组织构架；通过工程实践，培育适应全过程工程咨询服务需要的人才队伍并加强相关知识的培训，不断提升服务能力，同时加快建立全过程工程咨询服务管理体系、制度、服务标准等；加快技术的研发和应用，尤其要充分开发和利用信息技术和信息资源，努力提高信息化管理水平，实现服务价值；通过试点与推广，加快创建全过程工程咨询服务品牌，提升社会影响力和服务美誉度；最后，践行"一带一路"倡议，积极开展国际交流和合作，拓展视野，提高业务水平，增强企业国际竞争力。

三、长春建业集团股份有限公司全过程工程咨询能力建设与实践

长春建业集团股份有限公司（以下简称建业集团）自成立以来，一贯秉承"建卓越品质、筑百年基业"的服务宗旨，承担多项交通规划、高速公路、一级公路、交通工程、大型桥梁、隧道、城市快速路、主干路、给水排水、污水管网、景观园林、城市综合管廊、土地整理、民用建筑、综合体公共建筑、地下工程、岩土勘察等技术咨询服务工作，打造出专业配置齐全、结构搭配合理、业绩丰富、理念领先的专业化技术团队。现已成为吉林省内同行业中业务范围最广的综合技术咨询服务企业。

建业集团为顺应全国的工程咨询行业发展趋势，自2017年开始，在以实施阶段工程管理为核心业务的同时，转变思想观念，不断打造工程建设管理产业的服务能力，为业主提供项目管理以外的增值服务。围绕全过程工程咨询，公司系统开展能力建设与实践，主要包括以下几个方面：

（一）综合实力

长春建业集团股份有限公司成立于2002年，主要服务于公路、市政和建筑行业，涵盖工程咨询、技术研发、勘察设计、试验检测、工程监理、招标代理、造价咨询、项目管理、全过程咨询等业务，先后获得21项资质，其中11项甲级资质。荣获了国家科技部认证高新企业、吉林省科技企业小巨人、长春市百强企业，多次荣获国家及省级优秀企业。2016年12月6日，建业集团在北京举行新三板挂牌仪式。同时，集团与时俱进，不断转变传统监理企业形象，在工程监理职责继续保留的基础上，利用现有资源，拓展出综合管理、设计工程管理、设计管理、招标采购管理、造价咨询管理、试验检测管理等业务，通过运用BIM技术、自主研发工程信息管理平台、创建数据库等新技术新方法，创新性推出"项目管理+BIM"一体化的管理模式。

（二）市场开拓能力

集团市场开阔视野，不限于地方区域市场，制定大市场、大竞争、大发展的全国市场战略，一大批技术业务骨干奔赴全国各地开辟新市场。通过打造精品工程和优质服务，以点带面、稳扎稳打，不断培育并形成区域市场影响力和品牌知名度。在巩固传统监理市场的基础上，将业务拓展至全国，力推项目管理、项目代建及项目管理与监理一体化服务业务。在此期间，积极与大型央企形成战略合作伙伴关系，积极将业务拓展至海外工程项目管理市场。

（三）品牌影响力

企业综合实力的提升最终体现在企业品牌影响力。

建业集团非常重视企业品牌建设，从企业创立之初就将全部项目纳入公司统一管理，所有分公司由公司派业务骨干统领发展，最大限度地维护建业集团品牌。

2016 年，公司组建 BIM 技术研发团队。由具有丰富工程经验的 44 位工程师组成，涵盖道路、桥梁、勘察、测绘、建筑、结构、暖通、电气以及景观等专业。

主要从事 BIM 技术在道路、桥梁以及建筑领域全生命周期的应用研究。

在设计阶段，公司基于 BIM 协同设计平台，完成协同设计工作，对设计流程进行了有效管控，提高了设计质量和工作效率。

在施工阶段，公司开发了 BIM 建设管理平台，基于 BIM 技术对工程建设过程中质量、安全、进度等方面进行深度管理。同时，管理文件存储在服务器中，用于后期的运营维护。

研究成果已在高新技术产业开发区硅谷大街立交桥区域地下空间方案设计、天普路道路排水工程、机场大路（沂水大街 – 空港东边界）道路排水工程以及抚长高速公路人民大街出口改移工程中应用，取得了较好的应用效益。

从 2017 年长春奥林国际商业综合体项目建设含"项目管理 + 监理"开始，建业集团至今已完成长春新区三路七桥域外段市政项目、长春高新南区景观提升与旧城改造项目、白山市旧城改造全过程工程咨询项目、珲春项目，实现总投资额超 3000 万元。2018 年以来全过程工程咨询相关业务比重逐年提高，公司打造出了一支全过程工程咨询专业化服务队伍，形成了相对完善的服务标准和体系。公司全过程工程咨询业务发展迅速，品牌效应已日渐显现。

另外，2019 年 5 月 24 日长春建业集团股份有限公司作为《全过程工程咨询导则》主编单位之一，受邀参加中国土木工程学会建筑市场与招标投标研究分会《全过程工程咨询导则》评审会。这也是长春建业集团在全过程工程咨询领域中，品牌效应重要体现。

（四）人才集聚能力

全过程工程咨询服务需要将工程建设全过程各阶段进行高度融合，需要大量的高端、复合型人才支撑。为此，集团公司首先分层级、分专业对全体员工进行培训，目前形成常规化培训体系，包括高潜力员工培训、基石训练营、青年人才培养计划、分公司职业经理人培训等。其次，2017 年开始集团公司增设全过程工程咨询培训计划，将原有的培训体系进行全盘统筹和改编，突出全过程工程咨询需求，目前工程监理、设计、造价咨询、招标代理等在技术、管理及人才方面均存在较大差距，复合型人才尤其缺乏。再次，全过程工程咨询作为一种全新的服务模式，其先进性、科学性还需市场检验，建设单位观念转变还需要一个较长的过程。最后，结合全过程工程咨询项目，将各专业人才召集到同一项目，在项目实施过程中，加强对全过程工程咨询的认知，丰富全过程工程咨询经验。同时，定期召开培训，将经验传授给其余同事。

通过培训，不仅仅是知识技术、管理能力的提升，更加强对管理人员品德与责任心的培养。持之以恒的培训和学习促进了企业与员工的认识统一、目标一致、价值观统一，提高了员工对企业的忠诚度，形成强大的人才"虹吸效应"。

（五）风险管控能力

为提升在工程咨询行业的品牌知名度和企业实力，集团公司坚持发展工程咨询为主，围绕全过程工程咨询领域拓展空间，不盲目扩张和投资。管控上始终强化公司对各层级的分支机构管控，上下一盘棋，增强统筹能力和风险应对能力。具体管控上，通过多手段并举，系统管控运营风险。首先，为确保项目管理服务的规范化、标准化，开展规范化生产管理保障体系建设，制定了工作指导手册。2017 年为更好地推广实施全过程工程咨询，公司着手建设全过程工程咨询标准化实施体系。其次，建立项目管理公司自查、集团公司抽查的考核制度，坚决落实奖惩措施。再次，加强风险评估，开展员工职业道德教育，杜绝职业腐败行为。

（六）资源整合能力

全过程工程咨询涉及前期咨询、招标采购、设计管理、工程管理、运维管理及造价咨询等多专业、多学科的服务内容，工程咨询企业在提供服务时，除了不断提高自身能力外，更要有强大的资源整合能力。建业集团包含工程咨询、技术研发、勘察设计、试验检测、工程监理、招标代理、造价咨询等业务已经集聚一个由专家和业务骨干组成的技术支持团队更好地推广实施全过程工程咨询，公司着手建设全过程工程咨询标准化实施体系。

四、经典案例

（一）项目概况

长春新区三路七桥项目中的三条路分别是兴福大路、中科大街、北远达大街，七桥分别是兴福大路与京哈高速互通立交桥、兴福大路跨哈大客专跨线桥、兴福大路跨京哈铁路跨线桥、北远达大街与兴福大路互通立交桥、中科大街与兴福大路互通立交桥、兴福大路跨长图铁路跨线桥、兴福大路与龙双公路互通立交桥。"三路七桥"项目是长春市建委移交由长春新区投资建设并组织实施。项目建设期为2017年10月至2019年12月，建筑安装工程费总额为28.1亿元，截至目前已完成投资额约11亿元。

（二）咨询服务界面划分

项目管理包括远达大街（长德甲三路—长德甲四路南）、兴福大路（甲一街西—龙双公路）、中科大街（规划路—长德乙五路）、兴福大路与五洲大街互通立交工程、兴福大路与京哈高速互通立交工程及其在服务过程中需要介入节点的建设工程（本项目合同签订之日前已完工程的资料整理、归档与备案、运营维护的方案咨询、产业植入协调等后续相关内容纳入乙方项目管理范围）。

（三）项目管理内容

根据本项目的实际情况，本合同为提供项目管理服务，包含但不限于项目前期相关手续、工程施工、工程监理、工程造价、施工图管理、招标管理、造价管理（组织各参建单位开展工程项目计量、支付、结算工作，协助甲方完成财审、审计工作）、合同管理、质量管理、进度管理、安全文明施工管理、风险控制管理、信息档案资料管理、竣工验收管理及项目相关的第三方技术咨询服务、竣工验收、运营维护的方案咨询、产业植入协调等服务。

（四）咨询服务的组织模式

1. 项目组织架构
2. 项目管理公司内部组织架构
3. 项目管理公司工作内容

1）设计管理组：

（1）按照委托人意愿对工程设计提出要求，并根据工程实际情况进行工程设计优化。

（2）组织各阶段设计评审会、专家论证会。

（3）编制与工程设计有关的计划、报告，并就工程设计变更和质量不符合项提出处理意见。

（4）负责重要材料、设备的技术指标、规格型号、性能及品牌、品质的确定。

（5）组织图纸审查及会审。

（6）对新材料、新工艺、新技术（BIM）进行检验、审核并应用。

2）招标采购组：

（1）协助招标代理机构编制项目招标文件，提供编制招标文件所需的技术资料。

（2）参与投标人现场考察，解答投标人疑问。

（3）组织或协助投标单位的评标工作，协助委托人确定中标单位。

（4）协助委托人与中标人商谈最终签约事宜。

（5）协助委托人及设计单位对拟定的各种主要设备、材料进行事先调研，收集资料及样本。

（6）协助委托人对到场的设备、材料进行开箱验收。

（7）协助委托人对需试车的设备进行试车验收。

3）造价合约组：

（1）协助委托人签订设计、施工、监理、设备材料采购等合同，负责合同文本的编制和审查。

（2）按合同约定进行跟踪管理，检查合同的实际履行情况。

（3）及时收集、整理、保存有关合同履行中的相关资料。

（4）由于第三方责任使委托人权益受损时，协助委托人处理相关索赔事宜。

（5）编制详细的项目投资计划、资金使用计划，作好工程项目成本分析，便于委托人合理的调配资金。

（6）负责审查各类造价文件，并配合有关部门审计工作。

4）外联协调组：

（1）负责编制前期报建、报审计

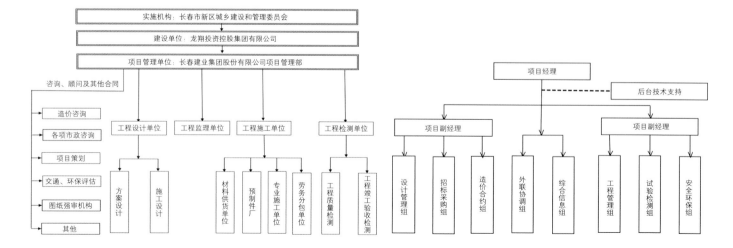

划,并跟踪落实。

(2)协助委托人办理立项审批手续以及各种前置手续。

(3)做好与政府及相关行政主管部门的沟通、协调工作。

(4)办理竣工验收交接、备案手续。

(5)负责对办理的各种报建、报审资料原件的收集、登记归档。

5)综合信息组:

(1)负责所有项目管理资料归档、保管的监督检查工作。

(2)负责项目管理部文件打印及有关外协工作。

(3)负责项目管理部组织的各项会议及会议记录的收集、存档工作。

(4)负责项目管理部内外部往来函件、文件的接收、发放、登记造册工作。

(5)负责协调检查竣工资料的编制、归档、备案、移交工作。

6)工程管理组:

(1)编制资金使用计划,将投资计划值与实际值进行比对,提供各种报表,工程付款审核,处理施工索赔。

(2)编制及审核施工进度计划,审核各方材料设备进场计划。

(3)进行各类合同跟踪管理,处理合同纠纷。

(4)审核施工单位质量管理体系;审核施工组织设计和专项施工方案;参加设计交底和图纸会审;抽查工程施工质量;参与质量问题、事故处理;参与相关验收及工程移交。

(5)进行各种工程信息的收集、整理与归档,提报各类工程管理报表,督促各方规范整理工程技术资料。

7)试验检测组:

(1)负责监督参建各方工程检测质量保证体系的建立与落实。

(2)负责审核工程检测计划,按总体计划要求制定单项检测计划。

(3)负责审核工程检测技术方案,并对检测项目及频率进行确认。

(4)负责监督施工单位对现场各单项工程的材料、构件、设备按规定进行委托试验,并对委托单及见证记录进行确认。组织对主要材料、构件厂家进行考察,严格把住质量关。

(5)不定期编制专题报告,针对重大质量问题进行分析和预警,为相关决策提供服务。

8)安全环保组:

(1)识别项目的危险因素和环境影响因素,制定项目安全、环境管理目标和方案。

(2)督促承包商建立安全、环境管理体系和相应制度、措施。

(3)监督承包商的安全生产、环境保护培训。

(4)组织对现场安全、环境的检查和管理。

(5)定期组织召开安全生产、环境保护例会。

(6)对承包商安全生产、环境保护目标及方案的审核。

(7)就项目安全生产、环境保护问题与政府有关部门的协调。

4.项目管理公司工作内容及职责划分表(见下表)

(五)咨询服务的运作过程

| 序号 | 管理子项 | 主要工作内容 | 职责划分 |||||||||
		R-负责 A-参与 C-协助 \-不参与	项目经理	项目副经理	试验检测组	工程管理组	技术管理组	造价合约组	招标采购组	外联协调组	综合信息组
1	前期策划	项目建议书、可行性研究报告、初步设计	C	C	C	\	C	\	\	C	\
2	项目报建	规划、土地、施工、环保、绿化和市政以及施工所需其他证件、批件等的申请审批手续	R	A	\	C	\	\	\	R	\
3	设计管理	施工图设计、图纸会审、设计交底、设计变更	R	R	R	C	A	C	\	\	\
4	招投标管理	招标方案、预审、评标、开标	R	A	A	C	\	A	A	\	C
5	合同管理	合同谈判、签订、履行、补充、变更	R	A	A	\	\	A	A	\	\
6	投资管理	项目概算、资金监管、投资偏差跟踪和分析、变更控制	R	A	\	\	\	A	\	\	C
7	采购管理	供应商评定、选择、材料设备的管理与控制	R	A	A	C	\	C	A	\	\
8	质量管理	质量目标、管理体系、质量策划、质量监督控制、质量检验检查、质量改进	R	R	R	A	\	\	\	\	\
9	进度管理	工期设计、进度计划、过程中协调控制、分析、纠偏	R	R	R	A	C	\	\	\	\
10	安全管理	安全协议、安全措施方案、安全监控文明施工、专项措施费用控制	R	R	R	A	\	\	\	\	\
11	文档管理	记录、采集、检索、传递、归档、移交	\	\	A	C	\	\	\	\	A
12	风险管理	风险的识别、预警、监控、规避	R	R	R	C	\	C	\	\	\

1. 编制《全过程工程咨询项目管理办法》

根据项目工程特点，编制了有针对性、可操作性的《长春新区三路七桥域外工程建设项目全过程工程项目管理实施办法》，规范、统一项目建设管理程序和工作流程。

2. 引入"首件检验"制度

"首件认可制"是指对规定范围内的分项工程确定一个首件，在开工前，从程序报批、技术培训、技术交底、施工工艺、质量控制等方面进行分析、论证，整理出一套标准样本。项目管理单位为了消除质量隐患及问题，引入并制定了"首件检验"制度。

3. 实行周例会制度

由项目管理部工程管理组组织召开生产例会、专题会、协调会等，协调解决工程质量、进度、安全等方面问题，会议坚持"务实、高效、简短"的原则。

4. 加强监理单位管理

工程监理机构是工程实施现场（质量、安全、费用、进度）第一层管理者，为了规范监理行为、职业操守，提高监理人员责任心，充分发挥工程监理作用，项目管理单位制定了详细的监理管理制度，如监理人员审核制度、奖罚制度、培训考核制度、监理规划审核制度等；并通过约谈监理单位负责人的方式规范监理行为，调动监理人员工作积极性，针对不称职的监理人员坚决予以撤换。

5. 增设第三方检测单位

根据《吉林省住房和城乡建设厅关于进一步规范工程质量检测市场管理的通知》（吉建质〔2017〕14号）要求及项目管理单位申请，增设以建设单位为主导的第三方检测机构，项目管理单位有针对性制定了对第三方检测机构的管理办法，避免施工、监理单位在取样、制样、养护、送检和试验过程中弄虚作假，使工程质量从原材料采购至形成工程实体全过程得到了有效控制，保证为建设单位交付质量合格、安全达标的优质工程。

（六）咨询服务的实践成效

2018年5月长春新区领导最高指示：三路七桥兴福大路域外段工程年底主体工程必须实现通车。但实际情况是前期手续不全、征地拆迁滞后、施工单位实力薄弱等诸多不利因素，导致进度目标难以实现。在三路七桥项目管理团队的共同努力下完美地实现了新区建委和龙翔业主的进度目标，并得到了新区城建委、龙翔集团的高度赞扬，同时下发了表扬信一封并授予"优秀项目管理团队"荣誉证书，及"优秀管理人员"荣誉称号！

五、工程监理企业开展全过程工程咨询服务的优势

在国家政策的推动下，全过程工程咨询势必大有可为。对于国内工程咨询企业来说，这是前所未有的战略发展机遇。相较于工程咨询领域的其他专业企业，工程监理企业在转型开展全过程工程咨询服务中具有较强烈的主动意愿与相对较好的先发优势。

（一）动力与意愿更为强烈

因历史原因，中国工程咨询业体制是前期工程咨询、勘察设计、造价咨询、招标代理、工程监理、项目管理条块分割，各行其是。在现行的设计行业工作模式和人才培养模式下，大量设计人员并不擅长也不愿意从事项目前期、过程管理等工作。EPC模式推行以来一直由施工单位主导设计的现状也印证了上述

情况。另一方面，其他前期咨询、招标代理、造价咨询企业业务能力更多局限于特定专业中，不具备全过程专业统筹策划能力，如造价咨询企业擅长全过程造价控制，但在策划、管理、协调方面缺乏人才与经验。

对于工程监理企业，从原有较为低端、劳务化的工程监理向更为高端、附加值更高的全过程工程咨询服务转型升级，提升行业水平，转变行业形象，这本身就是一个重大的历史机遇。另外，工程监理企业通过向上下游延伸服务，获得比监理服务更高的取费，将有助于提升利润空间，集聚行业优质人才，同时带给监理技术人员更大的转型动力，促使其成为工程咨询行业重塑形象的主力军。

（二）人才集聚优势助力工程总承包推广

目前国家全力推行工程总承包和全过程工程咨询，希望形成两者相辅相成、相互促进发展的局面，进而提升中国建筑业的实施与管理水平。综合实力较强的工程监理单位由于集中了设计、招标、造价、工程管理等各方面的技术人员，在招标文件上能够对设计标准、工作内容界定、施工技术标准、合同价格及计价和价格调整原则、材料设备品牌范围及技术参数要求等内容进行清晰定义，围绕项目业主的投资目标，高度整合勘察、设计、监理、造价、招标等业务资源，提供全过程一体化的项目决策咨询和全过程管理控制服务，能够助力工程总承包的实施和推广。

（三）先发优势较为明显

自《关于培育发展工程总承包和工程项目管理企业的指导意见》（建市〔2003〕30号）提出项目管理概念以来，一些大型工程监理企业凭借国家政策的大力支持，通过提供全过程项目管理、项目代建服务，已涉足投资咨询、招标采购、工程造价、绿色建筑、物业运维管理等相关咨询服务领域，具备向工程咨询上下游产业延伸的能力和条件。同时，通过联合、重组、互补、股本互持等方式开展全过程工程咨询业务领域的合作，为工程咨询的全过程服务提供了多元化业务领域互补的可能。另外，大型监理企业在创新发展中突破认知上的局限，在寻求从企业到行业再到行业集成的转型升级路径发展中，打造出一支集设计、招标、造价咨询、项目管理于一体的具有综合管理能力的全过程工程咨询队伍。

全过程工程咨询对于工程咨询企业来说，是综合实力的集中体现。打造全过程工程咨询服务能力，需要企业在以往历史积累的基础上，适应新时代发展的新需求，从企业各个方面扎实推进能力建设。这个过程艰辛并充满挑战，需要企业长期坚持。在此过程中，行业企业应相互学习借鉴、取长补短，共同致力于能力建设与实践，打造全过程工程咨询的中国标准，向国际市场输出中国模式，携手走进更加璀璨美好的未来。

新时代工程监理企业创新发展探索与实践

李照星

铁科院（北京）工程咨询有限公司

经过30多年的发展，工程监理已经成为中国现代服务业的代表之一，为保证和提高中国工程建设质量水平发挥了极为重要且不可替代的作用。进入新时代，工程监理行业在整个国家的提质转型宏观背景下，工程监理企业要调整传统的工作理念和工作方式，不断提升服务质量和服务水准，推进监理行业的创新发展之路，实现监理行业的可持续发展。工程监理行业创新发展绝非易事，势必要经过坚持不懈的努力和探索，在推进创新发展的过程中可能会付出相当大的代价。监理行业要将眼界放得长远，在市场经济发展规律的指导下，完善和优化服务质量，做好迎接挑战的准备，推动监理行业的发展。

铁科院（北京）工程咨询有限公司作为国内最早的甲级工程监理企业之一，伴随和见证了我国工程监理行业的发展，也承受了整个行业经历的转型与重负。进入新时代，铁科院（北京）工程咨询有限公司坚持以"工程第一、业主满意"的服务宗旨，在实践中探索"四化"（专业化、标准化、信息化、智能化）服务，作为企业创新发展的途径，并在实践中不断推进，以突破困扰工程监理行业的定位不明、作用与职能不清和行业吸引力下降等问题，实现企业的持续发展。

"四化"中，专业化是基础和贯彻始终的要求；标准化是在专业化基础上的总结与提升，是对专业化的第一层保障；信息化是为了实现更大范围、更深层次的标准化以及提高企业效率的管理手段和工具；智能化则是以人工智能为核心、以信息化为保障、以专业化为支撑的服务实现。"四化"不是相互孤立的，而是步步为基、层层递进、相互关联的有机整体。

一、推进监理服务内容专业化

专业化是监理企业的立身之本。监理本身就是专业化的工程管理服务。工程监理企业应坚持自身的专业优势和行业领域，优化和提升企业内从业人员的专业水平和综合素质，精细化部门承接的业务，这样监理企业可以根据委托人不同的要求，提供专业的服务，满足客户的建设需求。另外也可以使工程监理企业根据建设单位、政府部门、保险机构等不同委托人的专业要求，根据合同约定制定不同的专业服务方案。除此之外，工程监理行业可以尝试以政府部门授权监理企业进行质量安全巡查、评估等服务方式，将服务对象多元化；积极推进以政府部门和社会资本合作等创新型融资形式下的咨询服务方式和理念。

铁科院（北京）工程咨询有限公司始终把轨道交通行业作为企业主战场，以为行业提供专业化技术服务为己任。按照委托人不同的需求，为行业提供了土建、机电、信息系统、轨道等专业的监理服务，以及标准编制、接口管理、联调联试、专项检测、产业发展等专业技术服务。同时，为了更好地为行业健康发展服务，公司还向政府相关部门提供了安全评估咨询等轨道交通行业的专项服务。

二、推进监理服务的标准化

标准化是监理企业保证服务质量的需要。为实现监理企业的长远发展，监理企业在提高专业化的同时，要立足长远，推进监理服务标准化。铁科院（北京）工程咨询有限公司从制度、人员、行为和成果四个方面探索了监理工作的标准化。

首先，工程监理企业可根据已完成的工程建设服务的整体系统的工程建设流程以及现代化的科学技术，使监理工作制度标准化，形成监理企业内部工作业务现场管理标准化制度。铁科院（北京）工程咨询有限公司经过多年的工程积累，形成了成熟、稳定的制度体系，从监理工作的方方面面约束和指导各项监理工作。

其次，工程监理企业可基于公司发展需求的总体职业发展规划实现监理人员管理标准化，将总监、总代和监理工程师按级进行标准化管理，确保人员的稳定性和积极性。铁科院（北京）工程咨询有限公司根据公司人员状况，建立了8级13档的人员标准化管理体系，实现了监理人员资格、能力、经验与责任、收入、待遇的挂钩和匹配，并根据不同层级的需要，制定了相应的职业发展和技能提升方案，确保了监理人员的素质、能力满足公司发展的需要。

第三，监理工作现场管理行为标准化。主要是指监理人员工作方法和控制方法要科学、统一，即按照统一的标准和要求，进行同样的监理工作。铁科院（北京）工程咨询有限公司在总结已有工程经验的基础上，形成了公司盾构施工、轨道施工、隧道大型机械化作业、车辆等监理与咨询作业指导书，规范监理人员履职行为，努力实现现场监理行为的标准化。

最后，监理工作成果的标准化。即建立过程成果和最终成果都要按照统一的内容、格式以及程序编制和提交发布。为了做好监理成果的标准化，铁科院（北京）工程咨询有限公司建立了范本制度和审核制度，保证工作成果的质量。

三、推进监理服务信息化

信息化是监理企业提升服务效率的客观需要和主观保证。随着监理企业业务的不断扩展，监理企业要具备科学高效处理庞大信息资源的能力，在优化服务模式的同时重视信息手段的使用，根据工程建设所涉及的各方面因素建立系统完善的资源库，高度重视基于全部生命周期的服务模式。在信息时代，企业要合理利用先进的信息技术，借助基于大数据的资源库优势，通过搭建有效沟通管理的信息平台，完善和优化咨询服务。铁科院（北京）工程咨询有限公司为了适应业务不断扩大带来的服务水平与质量的差异化，积极尝试把网络技术、云技术等新技术应用在监理工作之中，自主开发了具有监理项目日常工作管理、企业经营管理以及信息沟通与传递等功能的企业专属信息系统，初步实现了监理工作的信息化。该系统能够从电脑和手机端登录使用，与监理人员、管理人员的日常工作紧密结合，大大提高了沟通效率和工作成效。下一步，还将根据公司标准化工作的进一步成果，不断扩展和深化信息系统的应用。

四、推进监理服务智能化

智能化是监理企业在保证高质量、高水平服务条件下，创造更大效益的武器。监理服务智能化是工程监理企业发展的必由之路，也是工程监理企业需要重点关注的部分。工程监理企业可以凭借VR、AR，以及BIM等智能化信息技术建立虚拟的监理工作环境，实现对监理人员的技术培训。通过智能化工具实现对基于新环境、新型结构物以及隐蔽物的感应器设置，完成相关数据的采集和相关技术的应用，实时监测结构物的安全性和稳固性，搭建对应的警报机制。通过大数据、云计算和发达的互联网资源等信息管理云平台，实现对传统技术知识的碎片整合，形成监理服务数据资源库，取得专家技术支持服务，为监理企业的咨询服务提供了技术方面的支持，充分发挥智能化协调管理的优势，减少人为因素干扰。铁科院（北京）工程咨询有限公司充分认识到新技术、新理念给监理行业带来的冲击和影响，从企业和行业发展角度，不断探索监理业务实现与服务提升的新途径。公司已经与相关科技企业建立了战略合作关系，共同开发将AI、VR、AR等技术应用于监理工作的系统和设备。目前公司已经开始进行相关技术在监理人员培训中的应用，今后将继续推动新技术与监理工作的深度结合，实现更高层次的标准化和专业化服务。

结语

纵观工程监理行业的发展，工程监理行业在推进创新发展时要以国家、行业发展的相关政策、制度为导向，明确中国的相关政策和市场需求，转变传统落后的工作理念和工作形式，积极推进工程管理模式、技术以及理念的改革创新，优化监理人员队伍建设，增强监理行业的公信力，促进工程监理行业朝着专业化、标准化、信息化、智能化方向发展，打破目前监理行业的桎梏，凭借市场资本手段、信息技术条件以及自身工程实战能力之有利条件，走向行业辉煌的未来。

利用无人机和BIM技术在监理服务赋能增效上的实践探索

陆远逸　龚尚志

武汉华胜工程建设科技有限公司

引言

近年来转型升级过程中的建筑行业正不断融合新技术、新理念和新方法进行自我迭代，无人机以其低成本、高机动性、灵活性、先进的数字化摄影测量技术，在建筑行业逐渐占据了一席之地，但大多施工企业或监理企业还只是利用其摄录功能，简单对比再现现场状态。武汉华胜工程建设科技有限公司3年来，在无人机影像数据采集分析、精度对比、算法选择等方面，结合BIM模型进行了初步的实践探索，发现对于增强监理用数据驱动现场管理品质、提升监理现场工作效能等有积极的推广价值和意义。本文将以无人机技术在公司大中型监理项目运用为例，介绍无人机+BIM技术在监理工作实践运用的情况。

一、无人机+BIM技术在监理工作中的优势

随着工程建设规模、复杂程度越来越大，在项目实施准备阶段，对场地地形、环境、管线、交通等开展调查分析，保证项目有效规避地形、环境、管线、交通、拆迁等可能带来的投资、进度风险影响，越来越受到业主的重视。监理单位通过引入无人机+BIM技术，可以在以下几点形成差异化竞争优势：

（一）手段先进，效率高

无人机的高空摄影能对场地原始地形、地貌全景予以描述和记录，对重点部位和重要对象的辨识更加全面，特别是对于大型施工场地或周边环境复杂的项目，在开工前期能够快速了解、熟悉或验证现状场地的信息，以真实的数据、充足的时间与相关产权单位沟通，增强整个项目的前期决策效率，相较于传统步行踏勘、手机拍照的手段更加科学、先进。

（二）增加信息获取渠道

早期资料、设计图纸等，往往与现实状况、现场踏勘相去甚远，监理自身通过应用无人机获得现场相关数据，能够扭转前期监理工作被动难堪的局面，在项目准备阶段有针对性地提出合理化意见，从项目一开始奠定监理"肚里有货"的形象。

（三）提升数据准确性、真实性

无人机技术能够规避由于现状变化、照片影像局限性、资料时效性等因素带来的原始数据准确性问题，如规划出图后，场地周边发生市政设施调整变化、场地内环境设施发生调整等情况。在保留现场影像资料的同时，还能获取相关测量数据（如面积、体积等），提升现状数据的真实性、准确性。

二、对于无人机现状场地航拍的数据应用

通过使用无人机对现状场地航拍，建立三维实景网格模型，利用实景网格模型1:1的还原现状，提取平面、空间等相关数据，帮助业主更为直观地了解周边环境、地貌特征、建设条件等现状情况，加深对地形图、规划图等图纸资料的理解，协助业主降低因资料不准、信息不全、沟通不畅等带来的理解偏差，有助于业主科学有效地决策。而对于监理单位，实景模型就是第一手数据资料，不再"等、靠、要"勘察施工测量结果，不再"空口说白话"，快速、高效的无人机技术带来的不仅仅是实景模型，更让监理人员有充分的时间和精力去发挥自身的专业知识和能力，为业主提供优质、舒心的咨询服务，能够有效改变监理单位在项目前期低效低质的工作现状。

（一）原始地形数据及周边环境分析

以某传媒大厦为例，有效航测面积约190000m^2，耗时1小时，得到航拍照片564张。外业操作仅需1人，相较于传统方格网测绘，节省人力资源50%，时间节省达到80%。

将实景模型与设计图纸叠加，周边环境与施工场地、项目红线的位置关系，场地内植被高度、覆盖面积，湖

泊覆盖面积等数据也都可以通过实景模型进行测量并标注，为场地布置、施工重难点分析、土方工程量计算提供科学、真实的数据，更加方便、高效、直观、准确地掌握设计图纸与理解本项目场地环境关系。例如提取项目用地红线范围，测量其面积约为0.106km²，即106000.00m²，施工单位通过传统方格网测量项目红线面积约为108269.0586m²，误差约为2.10%，在可接受范围内。

在实景模型上还可以直接标注周边环境影响因素，如沟渠、地下管线、地铁出入口等，让项目相关方能够直观、全面地了解项目现场环境现状，规避因信息不全、不准而仅凭经验判断导致的误判，有效降低了决策管理风险。更为重要的是，监理单位自身掌握了现场第一手真实、可靠的数据，并能以此为支撑提出自己的管理意见，底气更足，意见更具有针对性。

（二）土方挖填方量计算

以某河道综合治理工程土堆为例，该部位为临时土堆场，外业工作有效面积35000m²，得到航拍照片98张。外业采集信息和内业处理时间共约4小时，计算出该部位土堆体积为85843.22m³。

为验证无人机航拍土方工程量计算误差，使用三维激光扫描仪对该部位进行扫描，共扫描39站，点云拼接误差为0.12~2.47mm，计算土方工程量为85844.23m³。

该部位施工单位使用GPS设备进行测量，两人操作，随机选点测点共计109个，外业耗时5小时，计算土方工程量约86059m³。

经验证，无人机航拍与三维激光扫描仪、现场实际计算土方工程量误差在1%以内。通过严格数据采集和数据对比分析，公司利用无人机技术计算的土方工程量成果得到建设单位肯定，施工单位也没有提出异议，审计单位认可此技术方法和计算结果，并作为该土堆土方工程量结算依据。

通过无人机技术应用，能让监理单位真正参与成本核算、造价控制工作中，改善监理单位只重现场质量安全管理的"偏科"现状，变被动接收为主动作为，落实项目精细化管理。

三、无人机与BIM模型结合的数据交互应用

（一）外业工作简述与电子沙盘生成

以某医院项目为例，通过多航线多角度对航测区域进行拍摄，得到航拍照片共计361张。施工现场设置像控点，将照片与像控点坐标信息导入处理软件进行匹配，通过空间三角网加密运算、三维重建等步骤，完成实景模型的建立。

将根据设计图纸调整定位方向后的设计模型按照已知点坐标信息拟合至实景模型中，生成电子沙盘（经测量验证复核，如基坑南侧支护距离道路边缘线19.024m，实际测量结果为18.992m，电子沙盘精度在厘米级，误差在可接受范围内）。让设计模型的"虚拟"数据与实景模型的"实际"数据相结合，更加直观地展现不同阶段的项目建设情况，更加准确地掌握项目主体与周边建筑、环境因素的影响程度，更加清晰地突出不同设计、施工方案（平面布置方面）之间的区别，让监理人员更加科学、合理地为业主提供咨询服务，做好现场质量、安全精细化管理工作。

（二）塔吊施工方案可视化论证

在传统的方案审核、会审过程中，监理单位只能听取施工单位、设计单位和专家的意见，结合过往项目的经验给出少量建议，然后依据法规条文中的审核要点进行"流程化"的审核工作，缺乏主动性与数据支撑。在本项目上笔者依据电子沙盘及设计相关资料，主动从现场覆盖率、与周边建筑（环境）碰撞情况、与主体结构碰撞情况三方面进行塔吊布置模拟与运行影响范围分析，提出方案与建议。

1. 塔吊方案比选

本项目场地狭小，东西向长74.4m，南北向长51.9m，综合考虑塔吊运行覆盖率、主体结构避让及周边建筑避让等因素，共提出4种塔吊布置方案，其中3种方案为单台塔吊，1种方案为两台塔吊。

方案一：将塔吊定位于项目西北角，起重臂长60m，现场覆盖率约90%。

方案一塔吊运行过程中起重臂会摆至马路辅道、人行道及地铁入出口附近，人流量较大，若依据"十不吊"原则对运行范围进行限制，会导致地上主体结构部分无法满足覆盖率要求，因此否决该方案。

方案二：将塔吊定位于项目中部，起重臂长40m，现场覆盖率约95%。

但该方案中塔身穿过基坑对撑区域，为后期栈桥行车通道，会影响项目车辆通行，若将塔吊向东西方向平移避开对撑区域，塔吊基础承台会与地下室楼梯结构或人防区域结构发生碰撞，因此否决该方案。

方案三：将塔吊定位于项目东北角，起重臂长60m，现场覆盖率约91%。

方案三在基坑施工阶段及地下室

施工阶段均能满足现场施工要求，与周边建筑无碰撞影响，运行范围不涉及项目东侧地铁施工区域，但在地上主体结构施工时，塔身中心距离主体结构外墙19.893m，远远超出附着设置距离范围，存在较大安全隐患，因此否决该方案。

方案四：1号塔吊定位于项目西侧，2号塔吊定位于项目东侧，起重臂长均为40m，现场覆盖率97%。

方案四中1号塔吊西侧为医院病房区域，最高楼高25.9m，1号塔吊初次安装高度需不少于27.9m（考虑吊钩垂直安全距离2m）才能避免运行工作时与周边建筑碰撞的安全隐患；2号塔吊东侧为地铁施工现场，考虑地铁基坑施工会采用龙门吊（高10m），2号塔吊初次安装高度需不少于12m。两台塔吊与主体结构距离分别为3.924m、4.057m，满足附着设置安全距离要求，且与地下室结构无碰撞，满足现场施工要求。

通过电子沙盘对塔吊布置方案进行模拟、比选，采用方案四作为监理单位意见向施工单位、设计单位及业主提出，与施工单位所提出的结构施工阶段塔吊布置方案思路不谋而合。

2. 塔吊之间碰撞影响情况分析及建议

从方案四的电子沙盘模拟结果中，发现两台塔吊存在工作交叉区域，且2号塔吊工作时平衡臂也有可能通过交叉区域。通过软件测量得出交叉区域东西向最大距离25.87m，水平方向上两台塔吊起重臂与平衡臂均不会与另一台塔吊塔身发生碰撞，垂直方向上则存在高塔吊装钢丝绳与低塔吊起重臂或平衡臂碰撞的风险。笔者依据过去的工程经验，在专家论证会上提出设置塔吊进入交叉区域报警装置及加强落实群塔作业"五让"原则交底工作的建议。

从上述论证结果来看，采不采用无人机与BIM技术对本多塔吊施工方案评审或实施似乎并没有产生实质性的变化，但需要注意的是作为监理单位在上述过程，正是因为独立地运用了无人机和BIM技术，凭借信息数据对塔吊布置方案进行了可视化地推演、分析与判断，新的技术和工具让监理更为自信地"代表业主方"，以工程项目建设者的身份直接参与方案论证中，而不是以旁观者身份"作壁上观"，也不是照本宣科地"过过手"，进行所谓的符合性审查。

四、无人机在监理工作上的应用展望

（一）巡视、旁站等

无人机的巡航功能为旁站、巡视等监理行为提供了一种灵活便捷的辅助检查手段。无人机的灵活性和高空作业性能对于监理人员平时难以顾及的地方可高效高质地完成检查工作；肉眼难以发现的隐患，无人机可通过倾斜摄影技术如实记录并通过专业软件辨识、着色；雄安新区建设中所采用的"5G+VR+无人机"技术为现场巡视带来了新的活力与先进手段。无人机技术拓展了监理工作的深度和广度，同时也为精简现场人员、提高监理质量以及降低监理的时间成本和资金成本提供了可能。

（二）现场进度管控

大多数情况下，监理单位对现场进度管控的手段局限于审批施工进度计划，通过监理例会、现场调度会和专题会等形式对实际施工进度协调，信息准确率和完整度受施工单位影响，且管控时效性较差。通过无人机采集现场实际信息数据，结合BIM技术的可视化、数据集成化等优势，监理单位可一改延时被动式管理的情况，及时发现进度风险或影响因素，主动控制，为建设单位分忧解难。

（三）安全管理、文明施工管理

如同无人机在巡视、旁站等监理行为上的作用，对于现场安全管理，无人机仍旧可以凭借其机动性快速、准确地采集现场信息数据，找出人眼容易忽视的位置的安全隐患，还可通过电子沙盘模拟出大中型机械运作安全影响范围，做好安全隐患预防工作。在文明施工管理方面，通过搭载空气质量检测装置或其他传感器，可对现场扬尘、$PM_{2.5}$等信息实时采集，让监理单位人员实时掌握现场文明施工情况第一手数据。

结语

无人机对于监理行业，是低成本、高技术含量的新型数据记录、监测设备，它与通信技术、BIM技术等为监理行业的高科技化、智能化转型提供了动力和契机，但同样需要注意的是无人机与BIM技术一样只是工具，关键点在于使用工具的人——即监理单位自身需要具备创新意识和革新思想，如此才能用好这些工具，真正为监理工作、监理行业赋能，而非流于形式的"二张皮"。

积极践行国家"走出去"战略 服务好"一带一路"建设项目

张国明

鑫诚建设监理咨询有限公司

> **摘 要**：在国家"走出去"战略和"一带一路"倡议引领带动下，一大批中国企业走出国门，开展海外资源开发、工程承包和工程咨询服务业务，本文主要介绍鑫诚建设监理咨询有限公司在"走出去"和参与"一带一路"建设的监理实践和取得的成效，并通过国际对标明确未来进取方向。
>
> **关键词**：走出去；一带一路；海外工程监理；设备监造

鑫诚建设监理咨询有限公司隶属中国有色矿业集团有限公司，现有在职员工335人，各类注册人员103人，除直属监理部外，公司还设有咨询、监造、民用三个专业化的事业部，是主要从事有色金属采矿、选矿、冶炼、加工以及民用和市政工程项目专业化监理咨询的服务型企业，具有建设监理、工程咨询、工程造价咨询、设备监理、对外工程承包、工程招标等多项业务资质。从业以来，在国家"走出去"和"一带一路"倡议感召下，在中国有色集团战略规划的引领下，跟随中国援外投资项目和中国企业走出去，在海外工程项目的建设监理和咨询服务上进行历练和探索，培养队伍、积累经验、开拓市场，在支持项目建设取得成功的基础上，也收获了丰硕的监理咨询成果，得到了业主单位和国家主管部门的认同和赞誉，成为为国内外客户、为建设工程项目提供合规咨询服务的供应商。

一、勇于开启"走出去"的探索，奋战海外十八载喜结硕果

改革开放以来，随着央企"走出去"进军海外进行资源开发和国家援外项目，公司乘势而为，勇于开启"走出去"的探索之路，开展了境外资源开发工程建设监理咨询服务。公司从巴基斯坦山达克铜冶炼厂开展监理咨询服务起步，先后为巴基斯坦、赞比亚、刚果（金）、蒙古国、缅甸、哈萨克斯坦、吉尔吉斯斯坦、印度、越南、塔吉克斯坦等10多个国家数十个工程建设项目提供了良好的监理咨询服务，是中国在境外为有色资源开发工程建设服务业绩最多的监理咨询企业。

在走出去的征程中，公司主动适应项目所在国政策环境，融入当地社会，与参建单位同舟共济，携手合作，出色完成了以上大中型建设项目的监理咨询工作，监理咨询成果获得了诸多的业主认同和项目荣誉，先后获得中国建设工程（境外工程）鲁班奖3项，分别是：中色赞比亚谦比希铜冶炼公司15万吨铜冶炼项目、中色锌业蒙古国敖包锌矿项目、中色镍业缅甸达贡山镍矿项目。获国家（境外工程）优质工程奖3项、部级优质工程奖9项，6个监理部先后被行业主管部门评为中国监理行业和中国有色行业先进监理部，中色镍业缅甸达贡山项目监理部被中国有色集团公司评为红旗班组。

在"走出去"的征程中，公司敬业乐群、尽责有为，做到了为工程质量负

责、为业主负责、为兄弟企业负责，为重大项目"把好了质量关、当好了压舱石"，发挥了不可替代、不可或缺的作用，为支持中国企业"走出去"，为"一带一路"国家的工程项目建设和国际产能合作作出了自己的贡献。

二、适应挑战、攻坚克难，出色完成特难险重监理任务

海外项目监理要面对一系列的挑战，政策、法规、语言等都是要迈过去的门槛，面对挑战，我们主动适应、积极应对、战胜困难。公司监理的赞比亚中国经贸合作区，是中国在非洲建设的第一个综合性经贸开发区，入园企业达49家，在为园区建设服务过程中，除克服语言、政策、法规等一道道难关外，我们主动做好与众多国内外参建方的磨合，做好多国设计文件的衔接，做好与当地政府及监管部门的协调，推动园区建设取得实效。赞比亚谦比希年产15万吨铜冶炼厂，是中国在海外建设的第一座大型现代化铜冶炼厂，采用国际先进的艾萨法冶炼工艺，公司主动作为、统筹协调、帮扶结合、严格监理，建成了中赞合作的典范工程。赞比亚谦比希铜矿东南矿体，是中国在海外建成的第一座超千米深井的数字化矿山，也是中国第一座数字化矿山，我们发挥专长，配合业主做好项目建设管理规划，受委托牵头解决工程建设过程中碰到的治水、高温、岩爆等施工难题和技术难题，促进工程优质快速建设。蒙古国鑫都矿业的图木尔廷敖包锌矿，是中国在蒙古建成的最大的有色金属矿山，条件艰苦、基建保障条件差，公司坚持高标准严要求，自始至终为打造海外精品工程把好工程建设质量关。缅甸达贡山镍矿项目，是中国在缅甸建设的最大的投资项目，也是中国在海外开发的最大镍铁项目，年产镍铁8.5万吨，该项目采用国际先进的RKEF镍铁生产工艺，缅甸处在美国制裁之中，我们与设计、制造厂一道，共同开发出了亚洲第一大镍铁还原回转窑和亚洲第一大还原电炉，建成了垂直落差620m的亚洲最大落差管式皮带，在几乎无工程保障的条件下，创造了30个月建成世界一流的镍铁冶炼示范工厂。

哈萨克斯坦阿克托盖年处理量3700万吨铜矿山项目，是亚洲最大的铜矿山项目，采用了世界上最大的12m直径半自磨和8.3m直径的球磨机等超大型设备，采用HSE管理，公司主动迎接挑战，与对方国际咨询公司做好对接，按照管理体系文件要求，在开工前对整个施工过程进行风险分析和识别，建立HSE组织体系、安全责任人制度，健全现场各项安全制度和安全准则和安全程序，编写安全小常识，认真做好交底培训和三级培训，建立三级安全检查制度、安全会议制度，根据每期施工计划中的安全重点并制定相应的防范措施，实行施工许可证制度。在作业前，先行评估工作风险，从而准确预测工作中存在的危险，预先制定出相应的防范措施，做好充分的准备并在施工过程中进行有效控制，通过在现场的规范管理，推动了项目HSE管理在项目建设过程中真正落实，得到了哈方业主、总承包方和施工各方的认同和褒扬。

某国南方铝厂电解铝项目，设计年产100万吨电解铝，一期年产30万吨电解铝项目，年产20万吨碳素预焙阳极，电解采用中国400kA预焙阳极电解槽，碳素生产采用先进的54室焙烧炉。项目建设将Primavera P6技术运用于施工计划管理中，我们对接需要、攻坚克难，通过学习掌握了P6项目管理技术，在工程前期策划阶段，通过建立WBS结构、建立作业、估算工期、逻辑关系等内容，形成进度计划、资源计划。在施工实施阶段，基于P6建立各类视图、报表、手册等，跟踪整个P6计划的执行情况，协助建立施工中的资源、计划等完成情况并及时更新和反馈，当计划发生偏差情况时，及时发布调整计划的指令，指导完成各类计划的纠偏，保障项目正常运行。同时，重点对施工实施计划能力及施工时间安排的合理性进行审核。通过不断总结和不懈努力，P6技术在施工过程中有效控制了项目进度和费用。

三、严谨规范、尽责担当，服务"一带一路"工程有作为

在"走出去"的征程中，公司以质量为核心，把创造精品、创立品牌放在首位，积极参与施工协调和安全管理，充分体现监理的价值、作用和作为。

（一）高标准、严要求，确保工程质量

确保质量是监理工作的核心，只有坚持高标准，才能成就高质量，公司始终坚持这样的原则。无论在哪个国家，都应该按照法律法规、标准规范的要求，不折不扣，严格履行自己的监理职责。在赞比亚谦比希年产15万吨铜冶炼项目主厂房基础施工过程中，由于当地地勘报告不准，地基承载力难以达到设计要求，初次处理后仍然与设计要求有差距，为了确保安全和稳妥，监理坚持要求暂停下道工序施工，由设计方出具可靠的地基处

理方案，按地基处理方案施工，确保了主厂房工程质量。在缅甸达贡山镍矿项目的电炉施工中，由于材料长度尺寸限制，为节约成本施工方对电炉拉杆进行了焊接，监理检查发现后坚决要求更换，考虑成本和时间因素，各方都有不同意见，我们拿出规范和案例进行解释，剖析焊接后有可能造成的危害，使承包方认识到继续使用可能带来的后果，最终接受监理意见对焊接拉杆全部进行了更换，消除了质量隐患可能给今后生产带来的影响。在卢安夏尾矿库防渗膜和防腐衬胶施工过程中，由于工期紧、难度大，承包方总想简化施工作业程序，加快施工进度，监理在现场明确要求必须按程序施工，不得简化程序，派专人跟踪检查，不放过每一道工序，不漏掉一处检查点，保证了防渗膜和衬胶工程质量。

（二）建言献策、主动作为，切实抓好进度投资控制

进度控制是海外工程监理控制的难点，工程用料、设备从多国采购，供应链长，路途运输存在很多不确定性，要做到按计划组织施工非常困难。公司始终把进度控制抓紧在手中，提前参与工程筹划，优化控制网络计划，积极建言献策，建立项目建设共享平台，努力实现对所有供应信息及时掌握，注重做好源头控制。建设过程中，公司要求所有参建方根据信息平台搞好计划对接，监理方通过P3或P6计划的执行监测，发挥好关键的牵头调度作用，紧盯关键线路，跟踪计划实施过程以及计划落实中的资源配置，出现偏差时及时报告业主研究解决方案，克服海外项目建设过程中不确定性因素带来的影响，努力实现工程建设工期目标。

在从事投资控制过程中，主动与业主做好对接，通过项目进度计划，商定投资控制方案，以主人翁的责任感深度参与涉及投资的工程方案讨论和政策研究，碰到具体问题时，出主意、献良策，解决难题、化解矛盾。在公司监理的赞比亚谦比希铜冶炼公司的地基处理上，我们建议用树根桩代替钻孔桩进行基础处理，在保证质量的前提下，不仅解决了施工难题，也大大加快了施工进度，投资节省近2/3。在缅甸达贡山镍矿项目的场地道路垫层材料选择上，我们建议用现场开采的渣石替代外购毛石碎石，建议得到采纳后，不仅解决了毛石碎石采购价格高昂、供应跟不上的难题，还节约费用4700万元，真正为工程投资把好关、尽到责。

（三）科学策划、全程把关，做好设备监理

为护航中国装备走出去，公司开展了对出口设备的监造工作，先后对赞比亚谦比希和缅甸达贡山项目的磨机、回转窑、艾萨炉、转炉、电炉、余热锅炉等一大批重点项目、重要设备及钢构件，采用驻厂和巡检相结合方式进行监造，帮助和督促制造商严格按照生产工艺、检验规定、技术要求、相关技术标准等进行生产制造，以确保供货设备质量。

接受任务后，公司严格按贯标要求，一是根据每项任务组织编制监造规划和相关设备的监造细则，明确质量控制重点，设立质量检查点和文件审核点，保证设备制造全程受控；二是遵循"预防为主、重在过程、主动控制"的原则，把住材料进场和加工工艺选择等产生问题的源头，严格过程检查，对于重点和关键点提前介入与控制；三是以设备的功能试验为重点，抓好设备制造的验收工作，形成试验、验收记录；四是严肃细致，履行程序，把握设备制造的最终检验关和包装发运关。公司负责监造的重要出品设备，无一例返修返工，为工程建设提供了坚强的设备保障。

（四）发挥自身优势，监帮结合，推进工程顺利进行

充分发挥自身的经验和技术优势，协助其他参建方解决一些关键技术问题和技术难题尤显重要，也是监理作用和价值的积极体现。在赞比亚谦比希铜冶炼项目施工中，由于钢结构运输船途中发生故障，船期延误达3个月之久。为抢回工期，监理部协助业主和施工单位优化施工方案，倒排工期，进行交叉作业，倡导开展劳动竞赛，三班施工，每天主持召开协调会，及时讨论、处理工程中出现的问题，保证了工期。

对承包单位公司倡导监帮结合，在艾萨炉基础152个树根桩施工时，我们建议并指导采用洛阳铲成孔进行成孔施工，提高工效4倍以上，在保证质量的基础上大大加快了施工进度。在熔炼和吹炼电收尘基础开挖时，我们根据地质情况结合设备基础形式和布局情况，建议采取阶梯式开挖，意见被采纳，大大减少了土方量，节约了混凝土，为工程节约了20万美元费用。某国南方铝业电解铝项目，混凝土平台以下由当地施工方负责，当地监理公司监理，但当地监理公司一不了解中国规范，二不会作资料。为了推进工作，业主和公司商量让我们发挥统一管理协调和帮带作用，为了大局我们担当起了这份责任，一步步把当地监理方引上路子，得到了业主的高度赞许。

（五）积极应对工程涉外事项，为"一带一项目建设"保驾护航

公司从事的海外监理项目，很多

都是双边合作和多边合作项目，施工队伍既有中方队伍也有外方队伍，施工能力水平相差悬殊，哈萨克斯坦电解铝厂工程建设中，电解母线焊接作业，业主方选拔了一批当地焊接人员参加到母线焊接施工作业中，通过事先试焊我们发现，当地焊工的铝母线焊接水平达不到要求。为对工程质量和今后的生产负责，监理人员将焊接试件拿到管理公司高管办公桌上，陈述这种焊接质量如果认可的话，不仅影响工程质量还会造成投产后生产成本的提高，通过与中方施工质量对比，最终使哈方业主认识到坚持己见的后果，同意将当地焊接人员退出施工焊接作业。

在哈萨克斯坦电解铝厂施工中，土建施工由哈国的承包方承担并管理，在质量控制上，由于中外方土建施工技术水平差距，土建工程交付安装往往达不到安装要求，现场土建安装双方争执较多，为了解决问题、化解矛盾，我们多次与项目业主进行沟通，要求业主督促土建施工方加强管理、重视质量、纠正错误、化解矛盾，促使土建施工方作出了回应，并保证改正存在的问题。在后期安装时，复测土建标高的过程中发现问题并未完全修改，土建施工方不认为中方曾经指出过这个问题，但当鑫诚监理拿出曾写给业主的两份信函和回复时，业主高管才认为这个责任完全应由当地土建分包方承担，最终土建分包方承担修改和返工的一切责任，在后期施工中，土建分包方也真正提高了认识。

博齐姆恰克（Bozymchak）黄金选厂位于吉尔吉斯斯坦共和国贾拉拉巴（Jalalabad）省阿拉布勒（Alabulak）地区，地处特拉斯·弗加恩斯基断裂带上，地质情况极为复杂。按设计要求，选矿厂各车间的基础需要挖至岩石层才能满足地基承载力要求，监理认真消化设计文件和地质资料后，掌握土建基础施工第一手资料，并向吉尔吉斯斯坦土建承包方和业主管理人员进行交底，特别强调10100吨重载粉矿仓中间部位存在软卧层必须挖去，施工中当地施工单位对此不以为然，在监理的多次要求下，承包方进行试挖，结果在粉矿仓和磨浮车间两处挖下10m深共计1000多 m^3 的坡积土，消除了隐患。

四、勇往直前，在"走出去"的路上再奋进

公司参与并见证了中国企业"走出去"参与"一带一路"建设，开启国际产能合作，开发资源报效国家的伟大行程。为中国有色金属工业的振兴和发展，也为国际产能合作和央企"走出去"作出了应有贡献。通过海外监理实践，与国际先进同台竞争，公司也认识到与国际咨询行业在管理方式、管理手段、管理能力上的差距，在未来奋进的征程上，我们将苦练内功，不断加强自身的能力建设，总结多年来国内外监理咨询服务的经验，找出不足和差距，以发展和需求为导向，以寻求巩固和创新突破为出发点，进行能力再提升、技术再更新和管理服务再升华，在服务"一带一路"重点项目上做强做精，多创经典和精品。在未来奋进的征程上，我们将不断增强服务意识，着力打造适应海外咨询服务的一流专业团队，努力拓宽服务领域和服务内容，不断扩大业务面，按全方位监理服务的目标不断充实和创新服务内容，给客户带来全新的体验和收获，不断提高客户满意度，充实和丰富满意服务的工作内涵和文化内涵。

2017年5月14日，在北京召开了"一带一路"国际合作高峰论坛上，习近平总书记在演讲中倡议："构建人类命运共同体，实现共赢共享。"他强调，"在'一带一路'建设国际合作框架内，各方秉持共商、共建、共享原则，携手应对世界经济面临的挑战，开创发展新机遇，谋求发展新动力，拓展发展新空间，实现优势互补、互利共赢，不断朝着人类命运共同体方向迈进。"习主席的讲话凝聚了新的共识，开启了"一带一路"新的合作内涵，也为我们指明了方向。我们要在国家的战略引领下，开拓进取，砥砺前行，不断夯实发展基础，在"一带一路"建设和国际产能合作的大潮中再立新功。

对监理企业开展全过程咨询服务的一点思考

陈立

广州珠江工程建设监理有限公司

一、监理企业开展全过程咨询服务的优势

建设领域五方责任主体进行比较，能够较全面地开展全过程咨询服务的企业主要有设计单位、监理单位和施工单位，其中监理企业，尤其是大型监理企业具有较大的优势。

（一）技术积累丰富

由于承接的业务较全面，除了传统的房建和市政项目，还包含超高层建筑、大型公用建筑、机场跑道、轨道交通、综合管廊等项目。在长期的监理业务中，监理企业积累了大量的技术知识，对规范、标准以及最前沿的技术相当熟悉，在监理业务过程中，除了熟悉这些技术标准技术要求外，还要在建设过程中加以运用和监督，熟练掌握技术要点和监控要点。监理企业在技术知识的掌握和运用上占有优势。

（二）拥有大量具备执业资格、经验丰富的人才

监理业务都是通过派驻现场的监理人员来实施的，监理企业最大的资产就是人，具备资格条件的专业技术人员。监理企业拥有大量具备执业资格、经验丰富的人才，为开展咨询服务打下坚实的基础。

（三）管理经验丰富

监理业务主要工作内容就是对建设项目实施阶段各大目标管理，确保建设项目质量、投资、进度目标能够实现，在过程中采用各种有效的手段去管理、督办，保证落到实处。监理的业务类型就是管理，监理企业是管理型的企业。作为全过程咨询服务，其目的就是提供管理服务，相对其他单位，监理单位在这方面占有优势。

（四）服务意识强

监理业务是业主管理的延伸，是为业主提供服务。在长期的监理业务过程中，服务意识已经深深地扎根到监理从业人员灵魂当中。全过程咨询服务，其本质就是一种服务，作为监理企业是最合适的。

二、监理企业的开展咨询服务的经营方向

（一）争取服务对象多元化

监理企业具有人才和知识充沛的优势，能够为各种类型的顾客提供个性化的咨询服务。监理企业应该利用自身的优势抓住社会需求，全方位发掘新顾客，拓展经营范围。

现阶段政府部门、事业单位、业主企业向具备条件的监理企业购买服务已经逐步常态化，社会对建设领域的咨询服务需求越来越强，咨询服务市场在不断增长。

建设领域行业主管部门、监督部门向监理企业购买安全质量巡查、督导咨询服务；建设项目投资单位向监理单位购买第三方的评价服务、日常质量安全检查服务；事业单位如高等院校基建部门购买新校区建设的咨询服务等。这是当前的一个趋势，监理企业应顺应这种趋势，调整经营方向，把握机会拓展业务。

（二）争取服务阶段多元化

全过程咨询服务是对建设项目全过程或其中若干阶段进行服务，监理企业应创造条件往建设领域监理业务的上下游拓展业务。

经过相当长一段时期的发展和适应，不少大型监理企业已经拓展了建设工程项目的各个阶段的业务，包括招标代理、项目管理（代建）、各阶段的监理、造价咨询等业务。

目前一些大型监理企业既有的条件都已经具备承接全过程咨询业务的能力，承接全过程咨询服务是自然而然、水到渠成的。

国家政策鼓励监理企业往全过程咨询服务方面发展，提出在建设项目上选择具有相应工程监理资质的企业开展全过程工程咨询服务，可不再另行委托监理。因此，大型监理企业应该把握机会，扩大业务范围。

三、开展全过程咨询服务监理企业自身的工作

（一）人才管理

人才是监理企业最大的资本，监理企业开展各种业务都是通过派遣的技术、管理人员来提供服务。人才是监理企业提供服务的载体，服务人员的素质决定了服务质量。要拥有满足开展业务需求的一定数量和质量的人才，有人才培养、人才引进两个途径，而且这个途径必须同时实施，相辅相成缺一不可。

1. 培养人才

监理企业应制定行之有效的内部人才培养机制，建立健全人力资源管理制度。为每位员工制定培养计划、晋升规划，让每位员工都有足够的成长空间。培养人才、尊重人才、留住人才、用好人才，打造适合企业发展的人才梯队。

人才的培养，一方面是通过系统的技术、业务培训，形成知识传承，提高业务水平和工作质量。另外一方面是通过安排每位员工到合适的岗位、有挑战性的岗位去锻炼，逐步成长，从而培养员工的企业归属感。

2. 引进人才

人才引进是企业建立人才队伍最有效率的手段。想要引进人才、留住人才就必须用好人才。为人才提供实现自我价值的平台，营造实现个人发展的环境，提供人才足够的提升空间。同时必须建立激励机制、竞争机制、绩效考核制度，优胜劣汰。

（二）知识管理

监理企业业务全面、经验丰富，要将这方面转化为优势，就必须做好知识管理工作。建立系统的知识管理制度，有计划、有目的地总结经验，形成知识成果，然后对知识成果进行汇总、筛选、分类，形成企业自身的知识库，利用企业知识库，通过对员工的培训和利用信息化系统来为项目提供支援，提升企业的业务水平，提高服务质量。

同时，知识成果的积累和运用，为监理企业的技术创新创造了条件。技术创新能让监理企业在开展全过程咨询服务中更加得心应手，在业务承接能力上更富有竞争力。

（三）企业文化管理

企业文化管理是企业的个性管理，是企业的核心竞争力。"铁打的营盘，流水的兵"，"铁打的营盘"指的就是企业文化。搞好企业文化管理，保有企业本色，无论人员流动多么频繁，企业还是那个企业。

企业文化管理通过持续对员工进行培训教育，从制度上规范员工的行为，从思想上取得统一的价值认同，使员工潜移默化接受本企业的文化，形成企业精神。企业文化在制度上构建，在管理行为中体现，在员工的观念中扎根，最后在业务中形成企业特色。

（四）品牌管理

品牌代表着企业影响力，决定了企业的经营和发展。品牌就是企业的生命，品牌影响力就是企业的生命力。

1. 针对顾客的品牌管理

企业想要发展，就必须不断获得业务。在客户群体中形成品牌效应，是企业良性发展的基础；在客户群体中形成良好的口碑，能为企业拓展业务提升无形的竞争力。

做好品牌经营，"酒香不怕巷子深"，"酒香"一方面指的是自身业务能力和服务质量过硬，同时也是指在客户群体中有良好的口碑。

为了获得客户的认同，对客户进行品牌展示和宣传工作是必不可少的。在企业层面，进行企业形象设计，在行业中拥有企业自身个性、特色，加深客户对企业的印象。在业务实施过程中对客户进行业绩展示，定期向顾客进行服务意见调查、服务质量回访，利用企业员工的自律行为来获得顾客的认同。

2. 针对人才的品牌经营

在行业内的人才中树立企业品牌形象，增强企业对人才的吸引力，为企业引进人才赢得良好的环境。尊重人才、培养人才、善用人才，通过企业建立的各种制度为人才创造发展空间，提高人才待遇，在行业人才中赢得口碑。

3. 打造品牌员工

在行业中塑造有代表性的品牌员工、明星员工，员工的形象代表了企业的形象，员工的表现代表着企业的能力，形成企业品牌代言人的效应。

4. 品牌维护

企业应注重企业品牌维护，树立品牌不易，毁掉品牌简单。注重诚信，应做好风险管控，在业务选择上进行风险分析和决策取舍。加强公司层级对业务的过程监督，及时发现问题及时处理，对不胜任的人员进行更换。注重客户体验，对客户进行定期或不定期的回访，持续提升服务质量。

结语

全过程咨询服务，是监理企业发展的一大机遇，监理企业应练好内功，积极拓展业务。从承接各种第三方咨询服务业务开始，到拓展招标代理、项目管理、造价咨询等上下游业务，进而承接建设项目的全过程咨询服务。

从项目代建的经验出发探讨全过程咨询服务的难点

冯欣茵

广州建筑工程监理有限公司

引言

从建设项目全生命周期的管理角度来说，工程建设项目的决策以及实施，涉及了组织、管理、经济和技术等各方面的工程服务内容。中国在工程建设项目管理实践的基础上，根据现有的相关工程技术规范，先后提出了建设项目代建服务、建设项目全过程咨询服务的概念。

项目代建服务：国务院于 2004 年 7 月 16 日发布了《国务院关于投资体制改革的决定》（国发〔2004〕20 号），提出由代建单位负责政府投资项目建设全过程管理的建设管理方式，标志着工程建设项目的代建服务正式被引入并先行于政府投资的建设项目中实施。

建设项目全过程咨询服务：国务院于 2016 年 7 月 18 日发布了《中共中央国务院关于深化投融资体制改革的意见》（中发〔2016〕18 号）、2017 年 2 月 21 日发布了《国务院办公厅关于促进建筑业持续健康发展的意见》（国办发〔2017〕19 号），国家发改委于 2019 年 3 月 15 日发布了《国家发展改革委 住房城乡建设部关于推进全过程工程咨询服务发展的指导意见》（发改投资规〔2019〕515 号），这些文件鼓励投资咨询、勘察、设计、监理、招标代理、造价等企业采取联合经营、并购重组等方式发展全过程工程咨询。

一、建设项目代建服务和全过程咨询服务

代建服务——指市政府决定使用市财政性资金建设某个公益性建设项目后，由市政府授权的主管部门或投资主管部门牵头会同项目业主，通过招标或直接委托方式选择专业化的项目建设管理单位（以下简称代建单位），由其负责政府投资项目建设全过程管理的建设管理方式。

全过程工程咨询服务——指采用多种组织方式，为项目决策、实施和运营持续提供局部或整体解决方案。从事工程咨询服务的单位，在符合相关法律法规的前提下，受市政府授权的主管部门或投资主管部门委托，在委托授权范围内对工程建设全过程或部分阶段进行的专业化管理咨询服务活动。

一定程度上来说，代建服务约等于全过程咨询服务，全过程咨询服务是代建服务的进阶、细化与延伸，更有发展前景，更具适用性。

从建设目标来说，两者均为工程建设项目服务，最终目标均是建设项目的竣工、移交使用，两者的目标几乎一致。但从服务内容的实施主体和服务内容来说，两者有明显的差异。

代建服务是由一个单位负责全项目的建设管理工作，但项目建设过程中的各专业的工作内容，均需要另行委托单位实施；全过程咨询服务是由一个单位主要负责实施项目建设全过程中的各类工作，其仅需满足两个条件，一是只能承担资质范围内的服务内容，二是只能在建设业主委托范围内提供服务。服务单位仅需另行委托实施不能承担的工作内容。从工程各参与方或者合同管理、过程管理、全局控制的角度来说，全过程咨询服务参与的单位较少，更具优势。

二、代建服务实施过程中的难点与教训

代建制的建设项目管理模式提出、实施至今已逾十年，除了政府下设的代建项目管理局外，项目代建仍无法在全范围的工程建设项目中得到推广。同时，随着代建服务单位在政府投资的公共性建设项目中不断尝试，代建制的不足之处也越见明显，代建服务单位面临的经营风险也不可忽略。

（一）项目建设周期不可控，加大了服务单位的风险

建设项目代建不同于单一的工程服务，单一的工程服务仅需在工程建设的某一阶段投入，而建设项目代建，需在全过程不同阶段同时投入。以监理公司提供监理服务为例，仅需在施工阶段投入监理服务团队，而若监理单位提供代建服务，则需在除施工阶段外的其他阶段均同步投入不同的人员。在项目建设周期按计划实施的前提下，企业投入的成本能控制在一个可控的范围内。但倘若项目出现了延期，提供单一服务的企业与提供代建服务的企业，其投入差距是明显的，若项目建设遇到极端情况，提供单一服务的单位，很容易找到适当的节点撤出并计算损失，但提供代建服务的单位，由于服务过程中并无明显的工作节点，难以计算损失。

目前除房地产建设项目仅受资金原因影响建设周期外，大部分的政府投资项目、企业投资项目均受主观或客观因素影响，不可避免地出现不同程度的工期延误。

从公司自身经验来说，代建服务企业取得工期索赔是相对困难的，一则合同中关于工期的延误的定义难以明晰；二则合同中约定的工期索赔上限大大少于企业实际的损失成本；三则工期的延误很多以年为单位计算，工期延误的索赔并未考虑金额通胀因素在内。

为此，企业在充分考虑到项目可能产生的工期风险与自身承受能力后，对承接代建项目抱有谨慎的态度，不会轻易主动承接代建项目。

（二）代建服务人才的储备，影响了企业提供代建服务

建设项目代建服务的提供，离不开一支综合能力较强的团队，团队中应配备前期、招投标、造价、设计、现场管理、档案等专业性人才。目前市场上主流提供代建服务的单位是设计单位及监理单位，两者各有优势、劣势，同时也有较难逾越的发展瓶颈。

随着建筑市场的成熟和专业的细化，前期管理、招投标、档案管理等专业人才较容易储备，但设计、现场管理方面的人才则需拥有较强的专业技术能力与实践经验方能投入项目管理中去。为此，设计单位提供的代建服务，主要是以设计人员为主，侧重于项目设计阶段的把控与后续阶段的监控。而监理单位提供代建服务，主要仍是以现场管理人员为主，侧重于项目实施阶段实体的控制与后续阶段的收尾。设计单位与监理单位在提供代建服务时互有长处，但又难以补短，除非组成联合体共同承接代建项目，否则管理中总会出现侧重其中一方的情况。但作为建设项目的管理，在提供代建服务的时候，重设计管理轻现场管理或重现场管理忽视设计管理，均无法完整服务于建设项目，提供满足建设项目需要的代建服务。为此，推行代建服务的建设项目，均不同程度地出现因设计控制不足而产生的工程变更或因现场管理疏忽而出现的质量安全问题。

对于监理单位、设计单位需独立提供代建服务的前提下，监理单位需应项目需要，储备专门的设计管理人才；但从市场角度来说，优秀的设计人才均流向设计单位，且监理单位在非代建服务的业务中，亦无须配备专门的设计人才，这便出现了人才需求上的矛盾，即需求不多但又必不可少。与此同时，由于行业收入水平的不一致，与设计单位相比，监理企业的薪酬并不具备优势，故在提供代建服务时监理企业面临了是否需要专门储备设计人才的抉择。反之，设计单位亦面临是否需要储备除提供代建服务外并不需要的现场管理人员。

为此，无论是监理企业还是设计单位，在仍未转型成综合型服务企业之前，均面临着是否储备主业以外专业性人才的困难。而随着人才竞争日益激烈，市场需求推动企业发展，建设服务单位在自身升级转型的过程中，必然会面临人才储备的困难。

（三）建设业主对建设项目的影响

建设项目的投资控制是项目管理中的最重要一环，也是建设单位对建设项目管理最关键的一步。根据公司的经验，代建服务中，基于建设项目投资控制的服务，很大程度上来说，仅服务于项目现场，代建单位仅能对项目现场发生的投资进行过程管理，但控制的权限、投资的把控权利仍掌握在建设业主手上。

对于这种情况，也有其客观性与必要性。无论是使用政府投资的建设项目还是企业自筹资金的建设项目，均受相关的财务制度所约束，建设项目在建设过程中的资金使用，难以跳出有关制度要求，建设业主有管理好建设项目账目的责任与义务。为此，项目建设过程中产生的设计变更、工程签证、进度款审批等与投资有关的文件的审批权限仍需得到建设业主的签认方可实施，代建服务单位仅有确认权并无审批权。这就造成了代建单位在项目代建过程中权利没有被充分授予，不利于建设项目的推进。

同时，由于建设业主不一定有建设项目管理的经验，在一切慎重的前提下，建设项目由于客观原因而产生的工程签证、设计变更等文件通常被搁置，从而出现审批时间过长，与工程进度不匹配

的情况。根据公司的经验，参建方容易因建设业主不签认或延迟签认工程签证、设计变更等情况而产生纠纷，涉及各方利益的问题较难协调，不利于建设项目的推进。

三、企业承接全过程咨询服务需考虑的问题

（一）现行各地区推广全过程咨询服务的政策与收费方式，并未充分考虑工期对全过程咨询服务单位的影响。全过程咨询服务的计费方式与单一工程服务的收费标准项目，并无明显的优势。企业应根据自身综合能力，从承接阶段性的咨询服务开始，逐步拓展为全过程咨询服务。

（二）企业在承接全过程咨询服务时，应充分了解自身的优势与劣势，不应盲目储备全过程咨询服务的人才加重自身经营负担，宁可通过合作的方式，取长补短逐步增强自身的综合管理水平，避免盲目扩张，浪费资源。自身升级转型的过程中，应充分考虑转型的方向，选择更有利于发挥人才竞争力、更容易培养人才的发展方向。

（三）企业在承接全过程咨询服务时，应综合考虑客观因素的影响

社会的法律法规、市场的政策风险，均是影响企业提供服务的重要因素，企业应在充分考虑自身的风险承受能力后，再决定是否承接全过程咨询服务。同时，由于目前因客观因素而造成建设业主未能放弃前期报建、资金管理等方面的主控需求，全过程咨询服务单位应找准自身的任务与角色，以达到项目管理平衡为基础，推进项目的建设工作，避免对项目产生影响。

结语

代建制自提出并逐步发展至今15年，有能力承接代建服务的单位从积极响应到不愿意主动承接，经历了一个相当困难且充满教训的过程。所幸，在这个过程中，通过不同的项目代建服务单位累积了不少宝贵的经验，在这些单位的支持下，建设项目全过程咨询服务的概念得以提出并得到推广。全过程咨询服务是代建服务的发展与延伸，是符合当今社会发展与市场需求的。从代建制延伸至全过程咨询服务，除了推进服务单位自我升级转型，提高自身综合水平以达到承接全过程咨询服务的要求外，更是未来建设项目管理发展的趋势。由代建服务中得到的经验与教训，也将帮助全过程咨询服务在发展过程中逐步完善。

运用《民法典》及相关法律条文探讨总监个人责任承担问题

樊江　高华　张志材　王瑞龙
太原理工大成工程有限公司

摘　要：本文以《民法典》的部分法律条款以及立法背景为依据，对总监需要承担的个人质量终身责任制以及涉及的相关刑事责任进行研究，认为部分现行政策规定缺乏法律上的期待可能性和正当化依据。笔者依据新发布的《民法典》及有关法律，提议在追究总监法律责任时，应该将主客观结合起来综合评价总监履职行为。

关键词：总监责任；责任事故；报告制度

工地发生质量事故或出现严重的工程质量问题时，依据住房城乡建设部颁布的《建筑工程五方责任主体项目负责人质量终身责任追究暂行办法》（以下简称《办法》）第十四条，可以视情况对总监"吊销执业资格证书""终身不予注册"。工地出现重大责任事故时，依据《刑法》第一百三十四条"重大责任事故罪"，可以追究总监的刑事责任。笔者认为，以上规定对总监个人处罚畸重，既不合理也不合法，应遵循刑法的谦抑性原则综合考虑总监责任要素。

一、要求总监个人承担质量终身责任并给予吊销执业资格证书的处罚措施缺乏法律依据

总监作为监理公司项目部负责人，在公司法人授权范围内开展工作，本质上属于职务代理行为，依据《民法典》第一百七十规定："执行法人或者非法人组织工作任务的人员，就其职权范围内的事项，以法人或者非法人组织的名义实施的民事法律行为，对法人或者非法人组织发生效力。法人或者非法人组织对执行其工作任务的人员职权范围的限制，不得对抗善意相对人。"即职务代理的行为后果应由法人承担替代责任。

监理公司为某个项目专设的项目监理部，虽然未经工商登记，但项目部印章是经过公安部门备案，属于《民法典》规定的民事主体中的法人分支机构。依据《民法典》第七十四条第二款规定："分支机构以自己的名义从事民事活动，产生的民事责任由法人承担。"项目部的对外民事责任应该由法人承担。然而，现实中很多地方政府部门却依据住建部的《办法》第十四条，在出现质量事故或者出现严重的工程质量问题时，直接对总监个人进行行政处罚。此外，"吊销"属于《行政处罚法》第八条第五项规定的行政处罚种类之一，而该《办法》属于规范性文件却设定吊销的处罚依据，明显违背《行政处罚法》第十四条"除本法第九条、第十条、第十一条、第十二条以及第十三条的规定外，其他规范性文件不得设定行政处罚"的规定。

二、要求总监不顾建设单位意见而向有关部门举报项目问题，缺乏法律上的期待可能性

《刑法》通说理论认为，行为人的责任要素需要具备以下几方面，第一，行为人要有故意或者过失；第二，要达到

责任年龄；第三，要有违法性认识的可能性；第四，要对合法行为具有期待可能性。限于篇幅原因，对于《刑法》第一百三十四条的"重大责任事故罪"这里重点谈谈与总监岗位职责有关的"期待可能性"。

所谓"期待可能性"，就是人们经常所说的"法律不强人所难"，也是刑法的谦抑性原则的体现。比如，对于发生在亲属之间的盗窃、诈骗行为要从宽处理；对于已婚妇女被拐骗外地时再婚的不按重婚罪处罚；对于窝藏、包庇近亲属贩毒、吸毒的个别行为可以不追究法律责任。相比较而言，与总监相近的、同属于受托人地位的律师，根据《刑诉法》第四十八条："辩护律师对在执业活动中知悉的委托人的有关情况和信息，有权予以保密。但是，辩护律师在执业活动中知悉委托人或者其他人，准备或者正在实施危害国家安全、公共安全以及严重危害他人人身安全的犯罪的，应当及时告知司法机关。"即律师作为受托人接触委托人的过程中，如果得知委托人过去有未被追究的犯罪，以及有"准备或者正在实施"的非严重危害人身行为、盗窃行为、诈骗行为等信息时，律师都可以不予报告。该条款的立法背景主要考虑律师作为受托人需要与委托人维持信赖利益，也就是平时大家所说的法律不会强人所难。

然而，《建设工程监理规范》GB/T 50319—2013 第5.5.6规定："情况严重时，应签发工程暂停令，并应及时报告建设单位。施工单位拒不整改或不停止施工时，项目监理机构应及时向有关主管部门报送监理报告。"该条要求监理在向建设单位报告无效时要向有关部门汇报。依据《建筑法》第三十一条规定，监理方属于受托人，国家工商总局和住建部联合制定的《监理合同（示范文本）》第1.1.5也有同样规定，"监理是指监理人受委托人的委托"开展工作。《民法典》第九百二十二条规定："受托人应当按照委托人的指示处理委托事务。"《监理规范》却要求监理方违背建设单位指示直接向政府部门举报，该规定既缺乏上位法依据，也违背人之常情，属于法律上的强人所难。

三、在评价总监触犯"重大责任事故罪"时，应坚持主客观一致的原则

按照《刑法》通说理论，犯罪构成需要在客观上具有不法要件，主观上具有责任要件，即客观上要造成损害结果，同时行为人主观上要具有"责任"要件才能构成犯罪，这就是我们平时所说的主客观统一才能归罪，也就是刑法理论上的"两要件说"。其中，对于责任要件，就是平时我们经常说的"没有责任就没有处罚"的意思，即客观上"出现危害结果时还不能处罚，只有行为人主观上对危害结果具有责任时才能处罚"。比如，不能只因为高速公路出现交通事故的客观危害结果就一定处罚司机，还要考虑司机的主观责任要素，而主观责任要素中就需要考察司机当时采取措施是否具有"期待可能性"，比如当时有人突然横穿高速公路被撞，或当时有人开车逆行被撞，此时司机根本不可能预计到高速公路上会出现这类情况，因此也就不能苛求司机产生此类注意义务。如果在出现客观危害结果时，完全不顾主观上的"期待可能性"而径直处罚司机，恐怕也不公平。同理，监理人员经常被处以《刑法》第一百三十四条"重大责任事故罪"，也不能因为客观上一出现重大事故就不考虑总监主观上的"期待可能性"而径直处罚总监，这就会出现客观归罪的现象。

现实中，法院判决总监承担刑事责任时，往往以专家的现场事故调查报告为依据，而该调查报告既不属于刑事诉讼法规定的证据种类之一，也不具有证据能力。把调查报告当作鉴定意见，既不符合刑事诉讼法的法律规定，也更容易形成客观归罪的倾向。

此外，在评价总监触犯重大责任事故罪的犯罪构成要件时，还应综合考虑客观行为层面刑法上的因果关系、主观责任层面的过失要素以及行为与责任同时原则。

总之，笔者认为，对于总监过分强调个人责任，既缺乏法律正当化依据，也缺乏法律上的期待可能性，应该将主客观结合起来才能正确评价总监行为，让各方都能得到一个客观、公正的评价结果。

浅谈项目融资（编）

李军

北京五环国际工程管理有限公司

一、项目的投融资模式选择

项目的投融资模式是指项目投资及融资所采取的基本方式，包括项目的投资和融资组织形式、融资结构。

（一）投资环境的调查

投融资环境调查主要包括法律法规、经济环境、融资渠道、税务条件和投资政策。

（二）项目融资的组织形式

按照形成项目的融资信用体系划分，项目的融资分为两种基本的融资方式：新设项目法人融资与既有项目法人融资。

（三）投资产权结构

项目的投资产权结构是指项目投资形成的资产所有权结构，项目的股权投资人对项目资产的拥有和处置形式、收益分配关系。

主要的权益投资方式有三种：股权式合资结构、契约式合资结构、合伙制结构。

二、资本金筹资

资本金来源构成分为两大部分：股东权益资金及负债。

（一）公司融资项目资本金——自有资金

采取传统的公司融资方式进行项目的融资，项目资本金来自公司的自有资金。公司用于一个投资项目的自有资金来自4个方面：企业现有的现金、未来生产经营中获得的可用于项目的资金、企业资产变现和企业增资扩股。

（二）项目融资项目资本金

项目融资需要组建新的独立法人，项目的资本金是新建法人的资本金，是项目投资者为拟建项目提供的资本金。

为项目投资而组建的新法人大多是企业法人，包括有限责任公司、股份公司、合作制公司等。在项目决策分析与评价中应对资本金的出资方、出资方式、资本金来源及比例数额和资本金认缴进度等进行分析。

（三）在资本市场上募集股本资金

有些项目的资本金需要在资本市场上募集，在资本市场上募集资本金可以采取两种基本方式：私募与公开募集。项目公司可以在资本市场上以增配股方式募集资金。增配股是向公司现有股东增发股、配股。

（四）准资本金

优先股是介于股本资金与负债之间的融资方式，优先股股东不参与公司的经营管理，没有公司的控制权。发行优先股通常不需要还本，但要支付固定股息，固定的股息通常大大高于银行的贷款利息。对于其他债权人来说，当公司发生债务危机时，优先股后于其他债权受偿，其他债权人可将其视为准股本，而对于一般股东来说，优先股是一种负债。

股东借款是指公司的股东对公司提供的贷款，对于借款公司来说，在法律上是一种负债，但在项目融资中，股东不愿意对项目公司提供更多的注册资金，常常用附加股东借款对项目的银行借款提供准资本金支持。一方面可以降低注册资金，另一方面可以获得利息在税前支付的优惠。

三、负债融资

负债融资是指项目融资中，以负债方式取得资金。负债融资的资金来源主要有：商业银行贷款、政策性银行贷款、出口信贷、外国政府贷款、国际金融机构贷款、银团贷款、发行债券、发行可转换债、融资租赁等。

四、信用保证措施

项目融资信用保证结构设计是项目融资中一个较为复杂的课题。项目融资中可能采取的融资信用保证方式包括：财产抵押、动产或权益质押、政府保证、投资方（股东）担保、第三方保证、股东承诺、借款人承诺、账户监管、施工方保证、生产经营相关方面的协议、保险等。

五、融资方案设计与优化

项目的融资方案研究，需要充分调查项目的运行和投融资环境基础，需要向政府、各种可能的投资方、融资方征询意见，不断地修改完善项目的融资方案，最终拟定出一套或几套可行的融资方案。

（一）编制项目的资金筹措计划方案

项目融资的成果最终归结为编制一套完整的资金筹措方案，这一方案应当以分年投资计划为基础。

项目的投资计划应涵盖项目的建设期及建成后的投产试运行和正式的生产经营。项目建设期安排决定了建设投资的资金使用需求，项目的设计施工、设备订货的付款均需要按商业惯例安排。

新组建公司的项目，资金筹措计划通常应先安排使用资本金，后安排使用负债融资。这样一方面可以降低项目建设期间的财务费用，更主要的可以有利于建立资信，取得债务融资。实践中也常有项目的资本金与负债融资同比例到位的安排，或先投入一部分资本金，剩余的资本金与债务融资同比例到位。

一个完整的项目资金筹措方案，主要由两部分内容组成，其一，项目资本金及债务融资资金来源的构成，每一项资金来源条件的详尽描述，以文字和表格（资金来源表）加以说明。其二，与分年投资计划表相结合，编制分年投资计划与资金筹措表，使资金的需求与筹措在时序、数量两方面都能平衡。

（二）资金结构分析

项目的资金结构是指项目筹集资金中股本资金、债务资金的形式，各种资金的占比，资金的来源，包括项目资本金与负债融资的比例、资本金结构、债务资金结构。

（三）融资风险分析

项目的融资风险分析主要包括：出资能力、出资吸引力、再融资能力、融资预算的松紧程度、利率及汇率风险。

（四）融资成本

1. 资金成本的构成

资金成本＝资金占用成本＋筹资费用

2. 名义利率与有效利率

筹资成本利率通常采用年利率表示，如果借贷资金不是按年结息，还要将名义利率换算为有效利率。

3. 扣除所得税后的借贷资金成本

所得税后的借贷资金成本＝税前资金成本×（1－所得税率）

4. 扣除通货膨胀影响的资金成本

扣除通货膨胀影响的资金成本可按下式计算：

扣除通货膨胀影响的资金成本＝[（1+未扣除通货膨胀影响的资金成本）/（1+通货膨胀率）]－1

需要注意，在计算扣除通货膨胀影响的资金成本时，只能先扣除所得税的影响，然后扣除通货膨胀的影响，次序不能颠倒，否则会得到错误结果。这是因为所得税也受到通货膨胀的影响。

5. 优先股资金成本

优先股税后资金成本＝优先股股息/（优先股发行价格－发行成本）

优先股的税前资金成本需要加上需要支付的所得税，即：

优先股税前资金成本＝税后资金成本/（1－所得税率）

6. 普通股资金成本

普通股股东对于公司投资的预期收益要求可以由征询投资方的意见得知。

7. 加权平均资金成本

项目的总体资金成本可以用加权平均资金成本表示，将项目各种融资的资金成本以该融资额占总融资额的比例为权数加权平均，得到项目的加权平均资金成本。

税前加权资金成本可以作为项目的最低期望收益率，也可以称为基准收益率，作为项目财务内部收益率的判别基准。

总之，本文主要阐述项目的融资研究，这部分内容实质上是为项目的可行性研究作准备，它属于工程咨询的范畴，是工程咨询的一部分。

工程咨询在中国经济建设中发挥着重要的作用，主要表现在为科学决策提供依据，避免和减少失误，提高投资效益；优化建设方案，缩短建设工期，降低成本，以及保证建设进度，提高工程质量等方面。

改革开放以来，随着社会主义市场经济体制的逐步建立，特别是投融资体制改革的不断深入，中国工程管理业蓬勃发展，投融资管理在社会主义现代化建设中发挥着越来越重要的作用。

对任何一个拟建项目，都要经过全面的技术经济论证后，才能决定其是否正式立项，在拟建项目全面论证过程中，除考虑国家经济发展的需要和技术上的可行性外，还要考虑经济上的合理性。

参考文献

[1] 郭励弘. 投融资工业经济创新[M]. 深圳：经济管理出版社，2001.
[2] 雄楚雄. 公司筹资策略[M]. 深圳：海天出版社，2001.
[3] 蒋先玲. 项目融资[M]. 北京：中国金融出版社，2001.
[4] 孙黎，等. 国际项目融资[M]. 北京：北京大学出版社，1999.
[5] 马鸣家. 金融风险管理全书[M]. 北京：中国金融出版社，1994.
[6] 王彤，等. 投资项目不确定性与风险分析[J]. 化工技术经济，2002（2）：35-40.

《中国建设监理与咨询》征稿启事

《中国建设监理与咨询》是中国建设监理协会与中国建筑工业出版社合作出版的连续出版物,侧重于监理与咨询的理论探讨、政策研究、技术创新、学术研究和经验推介,为广大监理企业和从业者提供信息交流的平台,宣传推广优秀企业和项目。

一、栏目设置:政策法规、行业动态、人物专访、监理论坛、项目管理与咨询、创新与研究、企业文化、人才培养等。

二、投稿邮箱:zgjsjlxh@163.com,投稿时请务必注明联系电话和邮寄地址等内容。

三、投稿须知:
1. 来稿要求原创,主题明确、观点新颖、内容真实、论据可靠;图表规范、数据准确、文字简练通顺,层次清晰、标点符号规范。
2. 作者确保稿件的原创性,不一稿多投、不涉及保密、署名无争议,文责自负。本编辑部有权作内容层次、语言文字和编辑规范方面的删改。如不同意删改,请在投稿时特别说明。请作者自留底稿,恕不退稿。
3. 来稿按以下顺序表述:①题名;②作者(含合作者)姓名、单位;③摘要(300字以内);④关键词(2~5个);⑤正文;⑥参考文献。
4. 来稿以4000~6000字为宜,建议提供与文章内容相关的图片(JPG格式)。
5. 来稿经录用刊载后,即免费赠送作者当期《中国建设监理与咨询》一本。

本征稿启事长期有效,欢迎广大监理工作者和研究者积极投稿!

欢迎订阅《中国建设监理与咨询》

《中国建设监理与咨询》面向各级建设主管部门和监理企业的管理者和从业者,面向国内高校相关专业的专家学者和学生,以及其他关心我国监理事业改革和发展的人士。

《中国建设监理与咨询》内容主要包括监理相关法律法规及政策解读;监理企业管理发展经验介绍和人才培养等热点、难点问题研讨;各类工程项目管理经验交流;监理理论研究及前沿技术介绍等。

《中国建设监理与咨询》征订单回执(2020年)

订阅人信息	单位名称				
	详细地址		邮编		
	收件人		手机号码		
出版物信息	全年(6)期	每期(35)元	全年(210)元/套(含邮寄费用)	付款方式	银行汇款

订阅信息

订阅自2020年1月至2020年12月,_____套(共计6期/年) 付款金额合计¥_____元。

发票信息

□开具发票(电子发票由此地址 absbook@126.com 发出)
发票抬头:_____ 纳税人识别号:_____
发票类型:一般增值税发票
接收电子发票邮箱:

付款方式:请汇至"中国建筑书店有限责任公司"

银行汇款 □
户　名:中国建筑书店有限责任公司
开户行:中国建设银行北京甘家口支行
账　号:1100 1085 6000 5300 6825

备注:为便于我们更好地为您服务,以上资料请您详细填写。汇款时请注明征订《中国建设监理与咨询》并请将征订单回执与汇款底单一并传真或发邮件至中国建设监理协会信息部,传真 010-68346832,邮箱 zgjsjlxh@163.com。

联系人:中国建设监理协会　王月、刘基建,电话:010-68346832
　　　　中国建筑工业出版社　焦阳,电话:010-58337250
　　　　中国建筑书店　王建国、赵淑琴,电话:010-68344573(发票咨询)

《中国建设监理与咨询》协办单位

 北京市建设监理协会 会长：李伟	 中国铁道工程建设协会 副秘书长兼监理委员会主任：麻京生	 中国建设监理协会机械分会 会长：李明安	 京兴国际工程管理有限公司 执行董事兼总经理：陈志平
 北京兴电国际工程管理有限公司 董事长兼总经理：张铁明	 北京五环国际工程管理有限公司 总经理：汪成	 中国水利水电建设工程咨询北京有限公司 总经理：孙晓博	 鑫诚建设监理咨询有限公司 董事长：严弟勇　总经理：张国明
 北京希达工程管理咨询有限公司 总经理：黄强	 中船重工海鑫工程管理（北京）有限公司 总经理：姜艳秋	 中咨工程建设监理有限公司 总经理：鲁静	 赛瑞斯咨询 北京赛瑞斯国际工程咨询有限公司 总经理：曹雪松
 中建卓越建设管理有限公司 董事长：邬敏	 天津市建设监理协会 理事长：郑立鑫	 河北省建筑市场发展研究会 会长：蒋满科	 山西省建设监理协会 会长：苏锁成
 山西省煤炭建设监理有限公司 总经理：苏锁成	 山西省建设监理有限公司 名誉董事长：田哲远	 山西协诚建设工程项目管理有限公司 董事长：高保庆	 山西煤炭建设监理咨询有限公司 执行董事、经理：陈怀耀
 华电和祥工程咨询有限公司 党委书记、执行董事：赵羽斌	 太原理工大成工程有限公司 董事长：周晋华	 山西震益工程建设监理有限公司 董事长：黄官狮	 山西神剑建设监理有限公司 董事长：林群
 山西省水利水电工程建设监理有限公司 董事长：常民生	 晋中市正元建设监理有限公司 执行董事兼总经理：李志涌	 陕西中建西北工程监理有限责任公司 总经理：张宏利	 新疆工程建设项目管理有限公司 总经理：解振学　经营部：顾友文
 吉林梦溪工程管理有限公司 总经理：张惠兵	 中通服项目管理咨询有限公司 董事长：唐亮	 大保建设管理有限公司 董事长：张建东　总经理：肖健	 上海市建设工程咨询行业协会 会长：夏冰
 上海建科工程咨询有限公司 总经理：张强	 上海振华工程咨询有限公司 总经理：梁耀嘉	 上海市建设工程监理咨询有限公司 董事长兼总经理：龚花强	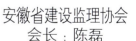 上海同济工程咨询有限公司 董事总经理：杨卫东
 武汉星宇建设工程监理有限公司 董事长兼总经理：史铁平	 山东胜利建设监理股份有限公司 董事长兼总经理：艾万发	 广东宏茂建设管理有限公司 董事长、法定代表人：郑伟生	 江苏建科建设监理有限公司 董事长：陈贵　总经理：吕所章
 连云港市建设监理有限公司 董事长兼总经理：谢永庆	 江苏赛华建设监理有限公司 董事长：王成武	 温州市全过程工程咨询与监理协会 会长：夏章义　秘书长：金建成	安徽省建设监理协会 会长：陈磊
 合肥工大建设监理有限责任公司 总经理：王章虎	 浙江江南工程管理股份有限公司 董事长总经理：李建军	 浙江华东工程咨询有限公司 董事长：叶锦锋　总经理：吕勇	 浙江嘉宇工程管理有限公司 董事长：张建　总经理：卢甬
 浙江求是工程咨询监理有限公司 董事长：晏海军	 甘肃省建设监理有限责任公司 董事长：魏和中	 福州市建设监理协会 理事长：饶舜	 厦门海投建设咨询有限公司 党总支书记、执行董事、法定代表人兼总经理：蔡元发

《中国建设监理与咨询》协办单位

重庆奥林匹克体育中心体育场：詹天佑土木工程大奖

重庆国际博览中心：中国建筑工程鲁班奖、詹天佑土木工程大奖、国家优质工程奖、国家钢结构金奖

深圳国际会展中心：整体建成后将成全球第一大会展中心

重庆市大剧院：获得2010—2011年度中国建筑工程鲁班奖、第十届中国詹天佑土木工程大奖、重庆市2009年巴渝杯优质工程奖

昆明西山万达广场A区大商业2016—2017年度第一批国家优质工程奖

来福士广场：重庆市朝天门坐标性工程

无锡市轨道交通1号线工程：2016—2017年度第一批国家优质工程金质奖

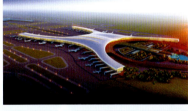
重庆江北国际机场东航站区及第三跑道建设项目

重庆市巴南区龙洲湾隧道项目

CISDI 重庆赛迪工程咨询有限公司
Chongqing CISDI Engineering Consulting Co., Ltd.

全过程工程咨询服务专家

重庆赛迪工程咨询有限公司始建于1993年，系中冶赛迪集团有限公司全资子公司。拥有工程监理综合资质（含14项甲级资质）、设备监理甲级资质、建设工程招标代理甲级资质和中央投资项目甲级招标代理资质、装饰设计等资质，是国内最早获得"英国皇家特许建造咨询公司"称号的咨询企业，同时凭借深厚的设计底蕴和丰富的建设管理经验，成为国家住建部公布的首批40家全过程工程咨询试点企业之一，成功打造多项国内外全过程工程咨询示范项目。公司具备众多专业类别工程的建设监理及工程设计、设备监理、设计监理、项目管理、工程招标代理、造价咨询、技术咨询、装饰装修等业务能力，在钢结构工程、大型公共建筑工程（体育场馆、大剧院、会展中心等）、市政工程（城市轨道交通、城市综合交通枢纽、市政道路）等方面有丰富的经验，业绩遍布国内30多个省市并延伸到海外，业务覆盖市政、房建、机械、电力、冶金、矿山及其他工业等多个领域。

赛迪工程咨询拥有国家监理大师一名以及一批获得英国皇家特许建造师、国家注册监理工程师、国家注册造价工程师、国家注册招标师、国家注册结构工程师等执业资格者，并有多人获得"全国优秀总监""优秀监理工程师""优秀项目经理"等荣誉。

赛迪工程咨询技术力量雄厚，管理规范严格，服务优质热情，赢得了顾客、行业、社会的认可和尊重，自2000年以来，连续荣获住建部、中国建设监理协会、冶金行业、重庆市建委等行业主管部门和协会授予的"先进""优秀"等荣誉，连续荣获"全国建设监理工作先进单位""中国建设监理创新发展20年工程监理先进企业""全国守合同重信用单位""全国冶金建设优秀企业""全国优秀设备工程监理单位""重庆市先进监理单位""重庆市招标投标先进单位""重庆市文明单位""重庆市质量效益型企业""重庆市守合同重信用单位"等称号，AAA级资信等级。

赛迪工程咨询服务的众多项目获得了中国建筑工程鲁班奖、詹天佑土木工程大奖、国家优质工程奖、中国钢结构金奖、中国安装工程优质奖、中国建筑工程装饰奖、中国市政金杯奖及省部级的巴渝杯、天府杯、邕城杯、黄果树杯、市政金杯、杜鹃花奖等奖项。

赛迪工程咨询坚持为客户创造价值，作客户信赖的伙伴，尊重员工，为员工创造发展机会，实现公司和员工和谐发展的办企宗旨，践行智力服务创造价值的核心价值观，努力作受人尊敬的企业，致力于为项目业主首选的，为工程项目建设提供全过程工程咨询服务的一流工程咨询企业。

地　　址：重庆市渝中区双钢路1号
公开电话：023-63548474 / 63548798
招聘电话：023-63548796
传　　真：023-63548035
公司招聘邮箱：023sdjl@163.com
网　　址：http://www.cqsdjl.com.cn/

北京赛瑞斯国际工程咨询有限公司
Beijing CERIS International Engineering & Consulting Co., Ltd.

北京赛瑞斯国际工程咨询有限公司是一家综合性工程咨询机构，成立于1995年，一直伴随着中国监理行业和工程咨询行业共同发展，经过二十余年的努力，公司在行业内已经成长为具有一定知名度和影响力、具有"赛瑞斯"咨询品牌形象的综合性国有咨询机构。

赛瑞斯国际是全国首批获得工程监理综合资质的四家企业之一，亦是国内首批通过ISO9000质量体系认证的工程咨询公司。

公司自成立以来，始终坚持"科学公正，环保健康，预防改进，为顾客服务"的管理方针，以高品质服务为业主提供全方位、专业化的全过程项目管理。

北京赛瑞斯国际工程咨询有限公司目前具有：工程咨询甲级资质、工程造价咨询甲级资质、招标代理甲级资质、工程监理综合资质，能够为业主提供全方位、专业化的全过程项目管理服务，以丰富的经验、雄厚的技术为工程建设保驾护航。公司同时具备建筑、结构、总图运输、给水排水、采暖通风、空调、电力、通信、自动化、工程经济、市政道路、环境保护、园林绿化、工艺设备等14个专业的技术人才与技术积累，能够为业主提供专业齐全的工程建设咨询服务。

赛瑞斯国际拥有员工1700余人，其中中高级技术职称人员占75%以上，各类国家注册执业资格人员近500余人。公司始终将人力资源作为宝贵的财富，通过不间断的职业培训、吸收新的专业人才，为公司的持续发展提供源源不断的动力和智力保障。公司已经逐步形成了一支团结、敬业、求实、高效的项目管理团队。

公司现有部门及事业部24个，其中事业部15个（监理事业部10个，以及咨询事业部、造价事业部、项目管理事业部、评估事业部5个），年营业收入超3亿元。

公司经过二十几年的发展，在民用工程、工业工程及地铁市政方面承揽了众多的施工监理业务和项目管理业务，积累了丰富的项目管理经验。为了更好地服务于业主，公司进一步延伸业务范围，在工程前期咨询、工程造价咨询、工程招标代理及全过程项目管理等业务方面取得了突破，并且获得了业主方的普遍认可。

2004年公司被北京市建委和发改委定为项目管理和代建制管理的试点单位；2006年公司被评选为"北京市十大品牌监理公司"和"中国最具竞争力的100强监理企业"；2008年获得了北京市建设监理行业奥运工程监理贡献奖；同时连续多年被评为北京市监理协会"先进建设监理单位"及中国建设监理协会"先进监理企业"。

北京赛瑞斯国际工程咨询有限公司，以优异的品质、先进的管理、齐全的服务类型成为工程咨询领域的领先者，以强有力的技术力量和品牌战略支持着企业的发展。以高品质服务满足客户的需求，以客户的成功衡量我们的成功为信念，提供全方位、全范围的建设工程全过程项目管理服务，把对完美的追求融注每一个项目之中，把优质的服务奉献给每一位业主，奉献给社会。

背景图：北京丰台火车站项目

京沈客专北京朝阳站项目

邯郸金地大厦项目

玉环市人民医院改扩建工程项目

北京南郊机场项目

北京市支持雄安新区建设医院项目

国家会议中心二期配套工程

北京大兴新城北区上德广场项目

武汉泰康在线总部大厦项目

雄县第三高级中学项目

阿里巴巴北京总部项目

西安交通大学科技创新港科创基地

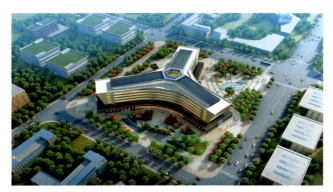
西部飞机维修基地创新服务中心（鲁班奖）

环球西安中心

西安火车站北广场

西安行政中心

西安高新建设监理有限责任公司

  西安高新建设监理有限责任公司成立于2001年3月，是提供全过程工程管理和技术服务的综合性工程咨询企业。企业经过近20年的发展，现有员工近500人，其中，各类国家注册工程师约150人，具有工程监理综合资质，为中国建设监理协会理事单位、副会长单位。高新监理已成长为行业知名、区域领先的工程咨询企业。

  公司始终坚持实施科学化、规范化、标准化管理，以直营模式和创新思维确保工作质量，全面致力于为客户提供卓越工程技术咨询服务。凭借先进的理念、科学的管理和优良的服务水平，企业得到了社会各界和众多客户的广泛认同，并先后荣获国家住建部"全国工程质量管理优秀企业"，国家、省、市先进工程监理企业，"全国建设监理创新发展20年工程监理先进企业"等荣誉称号，30多个项目分获中国建筑工程鲁班奖、国家优质工程奖、全国市政金杯示范工程奖以及其他省部级奖项。

  目前，高新监理正处于由区域性品牌迈向全国知名企业的关键发展时期。公司将继续深化企业标准化建设、信息化建设、学习型组织建设和品牌建设，锻造向上文化，勇担社会责任，为创建全国一流监理企业而努力奋进。

地　　址：陕西省西安市高新区丈八五路43号高科尚都·ONE尚城A座15层
邮　　编：710077
电　　话：029-81138676 / 81113530
传　　真：029-81138876

西安绿地中心

广州建筑工程监理有限公司

广州建筑工程监理有限公司(简称广建监理)是一家实力雄厚的有限责任公司,具有工程监理综合资质、工程招标代理甲级资信、工程咨询单位甲级资信、广东省建设项目环境监理行业甲级资质、广东省人防监理乙级资质以及广东省文物保护工程监理资质。

1985年成立以来,为广大客户提供了优质的工程总承包、项目管理、项目顾问、项目咨询、项目代建、工程监理、工程招标代理、土地招标、造价咨询、政府采购、编制可行性研究报告等各类服务项目达2000多项,其中包括广州塔、广州市珠江新城核心区市政交通项目、广州南站、广州大剧院、猎德村旧城改造工程等超大型重点工程项目。公司到目前为止,累计有2项菲迪克百年重大建筑项目杰出奖、8项工程荣获中国建筑工程鲁班奖、4项工程荣获中国土木工程詹天佑奖、10项工程荣获国家优质工程奖、6项工程荣获中国钢结构金奖、9项工程荣获国家市政金杯示范工程奖,超过1000项次工程荣获省市工程奖项。

公司以"格致正诚,修远求索;以人为本,和而不同"为企业核心价值观,现有员工1000多人,其中具有中高级专业技术职称的人员约半数,国家注册监理工程师超过120人,其他专业注册人员超过100人,专业配置齐全,年龄结构合理,多名员工被评为国家、省、市优秀总监理工程师或监理工程师。连续23年被工商行政管理局授予"守合同重信用企业"荣誉称号,连续12年被广东省企业联合会、广东省企业家协会评为"广东省诚信示范企业"。

公司积极参与行业协会工作,是中国建设监理协会常务理事单位、广东省建设监理协会副会长单位、广州市建设监理协会的主要发起单位和会长单位、中国铁道工程建设协会建设监理专业委员会会员单位、中国招标投标协会会员单位、广东省招标投标协会副会长单位、广州市招标投标协会的发起单位和会长单位等。公司多年连续荣获国家、省、市监理协会授予的先进企业荣誉称号,2008年更被中国建设监理协会评为"中国建设监理创新发展20年工程监理先进企业"。

广州建筑工程监理有限公司

广州塔

广州大剧院

广州火车南站

广州市花城广场

横琴国际金融中心大厦

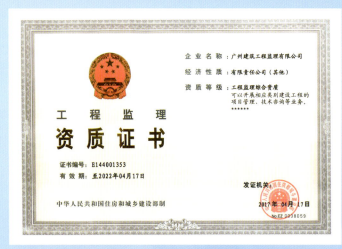
广州建筑工程监理有限公司－综合监理资质证正本

广州猎德村旧城改造项目

广州美术馆

粤剧艺术博物馆

青海公伯峡水电站（鲁班奖、国家优质工程金奖工程）　　江苏宜兴抽水蓄能电站（鲁班奖工程）地下厂房

山东泰安抽水蓄能电站（鲁班奖工程）上水库

安徽响水涧抽水蓄能电站（国家优质工程）　　大岗山水（国家优质工程金质奖电站）

北京-八达岭高速公路潭峪沟隧道（鲁班奖工程）　　南水北调中线高邑至元氏段输水渠（水利部重点工程）

水规总院勘测设计科研楼（鲁班奖工程）　　河北崇礼太子城冰雪小镇工程（北京冬奥会项目）

内蒙古锡林郭勒盟洪格尔风电场一期工程　　宁夏中宁光伏发电场

中国水利水电建设工程咨询北京有限公司

中国水利水电建设工程咨询北京有限公司，成立于1985年，隶属于中国电建集团北京勘测设计研究院有限公司，是全国首批工程监理试点单位之一。具有监理单位资质，包括住建部批准的水利水电工程监理甲级、房屋建筑工程监理甲级、电力工程监理甲级、市政公用工程监理甲级；北京市批准的公路工程监理乙级、机电安装工程监理乙级；水利部批准的水利工程施工监理甲级、机电及金属结构设备制造监理甲级、水土保持工程监理甲级、环境保护监理（不分级）；国家人防办批准的人民防空工程甲级。公司通过了质量、环境与职业健康安全管理体系认证。

公司业绩遍布国内30个省区及10多个海外国家地区，承担了国内外水利水电、房屋建筑、市政公用、风力发电、光伏发电、公路、移民、水土保持、环境保护、机电和金属结构制造工程监理500余项，参与工程技术咨询项目200余项，大中型常规水电站和抽水蓄能电站的监理水平在国内领先。所监理工程项目荣获鲁班奖、国家优质工程奖18项，省市级优质工程奖27项，中国优秀工程咨询成果奖1项。

公司重视技术总结和创新，参编了《水电水利工程施工监理规范》，编制了《电力建设工程施工监理安全管理规程》等10多项行业和企业标准。BIM技术在监理项目应用日益完善，近年来员工发表论文近百篇，荣获国家级质量控制（QC）小组奖30多项。

公司坚持诚信经营，被北京市监理协会连续评定为诚信监理企业，中国水利工程协会和北京市水务局评定为AAA级信用监理企业。荣获了"中国建设监理创新发展20年工程监理先进企业""共创鲁班奖工程监理企业""全国优秀水利企业""全国青年文明号""北京市建设监理行业优秀监理单位"等多项荣誉称号，为国家建设监理行业发展作出了应有贡献。公司以"务实、创新、担当、共赢"为企业精神，竭诚为顾客提供优质服务。

地　址：北京市朝阳区定福庄西街1号
邮　编：100024
电　话：010-51972122
传　真：010-65767034
网　址：bcc.bhidi.com
邮　箱：bcc1985@sina.com

背景图：仙居抽水蓄能电站（国家水土保持生态文明工程）下水库

建基工程咨询有限公司
CCPM Engineering Consulting Co., LTD.

建基工程咨询有限公司是一家专注于建设工程全过程咨询服务领域的第三方现代服务企业，拥有36年的建设咨询服务经验，26年的工程管理咨询团队，22年的品牌积淀，十年精心铸一剑。

发展几十年来，共完成8100多个工程建设工程咨询服务成功案例，工程总投资约千亿元人民币，公司所监理的工程曾多次获得"詹天佑奖"、"鲁班奖"、"金银奖"、河南省"中州杯"工程及地、市级"优良工程奖"。

建基咨询是全国监理行业百强企业、河南省建设监理行业骨干企业、河南省全过程咨询服务试点企业、河南省先进监理企业、河南省诚信建设先进企业，是中国建设监理协会理事单位、《建设监理》常务理事长单位、河南省建设监理协会副会长单位、河南省产业发展研究会常务理事单位。

建基咨询在工程建设项目前期研究和决策以及工程项目准备、实施、后评价、运维、拆除等全生命周期各个阶段，可提供包含但不仅限于咨询、规划、设计在内的涉及组织、管理、经济和技术等各有关方面的工程咨询服务。

建基咨询采用多种组织方式提供工程咨询服务，为项目决策实施和运维持续提供碎片式、菜单式、局部和整体解决方案。公司可以从事建设工程分类中，全类别、全部等级范围内的建设项目咨询、造价咨询、招标代理、工程技术咨询、BIM咨询服务、项目管理服务、项目代建服务、监理咨询服务、人防工程监理服务以及建筑工程设计服务。

公司资质：工程监理综合资质（可以承接住建部全部14个大类的所有工程项目）、建筑工程设计甲级、工程造价咨询甲级、政府采购招标代理、建设工程招标代理、水利工程施工监理乙级、人防工程监理乙级。

公司经营始终秉承"诚信公正，技术可靠"，以满足业主需求；以"关注需求，真诚服务"，作为技术支撑的服务理念；坚持"认真负责，严格管理，规范守约，质量第一"，赢得市场认可；强调"不断创新，勇于开拓"的精神；提倡"积极进取，精诚合作"的工作态度；追求"守法诚信合同履约率100%，项目实体质量合格率100%，客户服务质量满意率98%"的企业质量目标。

进入新时代，以服务公信、品牌权威、企业驰名、创新驱动、引领行业服务示范企业为建基咨询的愿景；把思想引领、技术引领、行动引领、服务引领作为建基咨询的梦想。

公司愿与国内外建设单位建立战略合作伙伴关系，用雄厚的技术力量和丰富的管理经验，竭诚为业主提供优秀的项目咨询管理、建设工程监理服务。共同携手开创和谐美好的明天！

地　址：河南省郑州市管城区城东路100号正商向阳广场15A层
电　话：400-008-2685　　传　真：0371-55238193
百度直达号：@建基工程
网　址：www.hnccpm.com　邮　箱：ccpm@hnccpm.com

扫码关注建基咨询

山西芮城新建通用机场项目

沭阳县苏州西路跨淮沭新河大桥及引线工程（淮河大道至西大堤）项目　　颍州湖风景名胜区南湖历史文化景区古建工程

郑州市四环线及大河路快速化工程监理（大河路第2标段）

太焦高铁长治南站站前广场及配套附属设施建设项目　　十堰市百二河生态修复工程

曹妃甸工业区入海排污口工程

河南长城铁路工程建设咨询有限公司
长城咨询

河南长城铁路工程建设咨询有限公司成立于1993年，是一家以铁路、公路、市政工程监理为主业，建筑施工、工程设计协同发展的综合性工程监理企业。公司具有住建部工程监理综合资质、交通运输部公路监理甲级资质，控股管理河南省铁路勘测设计有限公司、河南省铁路建设有限公司。

公司成立26年来，铁路项目先后承担了沪昆、京沈、徐兰、兰新、昌赣、京雄、汉宜、郑开、哈牡、牡佳、广西沿海铁路等国家"八纵八横"高铁网的监理任务，以及兰渝、渝黔、拉林等多条国家干线铁路项目的监理任务，监理的高铁及干线铁路通车总里程达1500多公里；大型场馆和市政轨道项目先后参与了北京新机场部分工程监理、郑州机场二期航站楼、郑州、洛阳等地铁、多条市政快速高架通道项目和南水北调等多个国家重点基础设施建设工程；公路方面先后参与了台辉黄河大桥、济洛西黄河大桥、宜毕、剑榕等多条高速公路及省道项目。项目遍及全国20多个省级自治区。公司还积极参与"一带一路"建设，先后承担了中（国）老（挝）铁路、巴基斯坦公路、刚果布大学城等项目的监理任务，参与监理的多个项目获得国家和省部级奖项。

因在大型重点项目上的突出贡献，公司先后被授予"河南省五一劳动奖状""全国五一劳动奖状"，连续四年进入住建部全国工程监理企业综合排名前100名，被河南省住房和城乡建设厅评为"河南省工程监理20强企业"和"河南省重点培育全过程工程咨询企业"。公司董事长被授予"河南省五一劳动奖章"和"全国五一劳动奖章"，受到习近平总书记等党和国家领导人的亲切接见，作为全国劳动模范代表应邀出席了"九三大阅兵""国庆70周年阅兵"观礼活动，并作为全国总工会"劳模大讲堂"先进事迹报告团成员之一在人民大会堂作先进事迹报告。

公司董事长朱泽州陪同国铁集团、雄安新区领导到公司参与监理的京雄城际铁路项目现场检查

应中华全国总工会邀请，董事长朱泽州作为五名劳模代表之一在人民大会堂为来自全国各行各业的一千多名劳模作事迹报告

2019年10月1日，公司董事长朱泽州同志作为劳模代表光荣受邀参加国庆70周年阅兵观礼活动

公司参与监理的郑徐高铁（获詹天佑奖）

公司积极参与"一带一路"建设，2015年12月1日，公司在中（国）老（挝）铁路磨丁至万象线监理招标中中标，实现了走出国门的梦想

公司参与监理的北京新机场项目

公司监理的郑州农业路大桥，该桥跨越亚洲最大、最繁忙的郑州北编组站，斜拉索最大索力承重约900吨，为国内同类桥梁中斜拉桥索力承载之最

公司监理的济洛西高速黄河特大桥

组织监理业务培训

背景图：公司参与监理的兰新铁路新疆段（获詹天佑奖）

新疆工程建设项目管理有限公司

公司名称：新疆工程建设项目管理有限公司

资质等级：房屋建筑工程监理甲级、市政公用工程监理甲级、人防工程监理甲级、电力工程监理乙级和公路工程监理丙级；可开展相应类别建设工程的项目管理、技术咨询等业务。

经营范围：建设工程监理咨询服务；相应类别的建设工程项目管理、技术咨询服务；工程造价咨询；招标代理服务。

1. 房屋建筑工程监理：可承担28层以上、36m跨度以上的工业与民用建筑工程；高度120m以上的高耸构筑工程；建筑面积12万平方米以上的住宅小区工程监理咨询服务。

2. 市政公用工程监理：各类城市道路、综合管廊、桥梁、隧道、给水厂、污水处理、给水、污水泵站、雨水泵站、各类给水排水管道、液化气贮罐场（站）、燃气、燃气管道、调压站、热力等工程；各类城市生活垃圾工程；各类地铁轻轨工程；总投资3000万元以上风景园林工程的监理咨询服务。

3. 人防工程监理甲级：各类抗力等级的人防工程监理咨询服务。

4. 电力工程监理乙级：单机容量30万kW以下的火力发电站工程；330千伏以下输变电工程的监理咨询服务。

5. 公路工程监理丙级：一级公路路基工程及二级以下各级公路工程；小桥总长30m以下或单跨跨径20m以下涵洞工程的公路桥梁工程；隧道长度500m以下的公路隧道工程；二级及以下公路交通安全设施、环保工程和沿线附属设施的公路其他工程。

公司介绍：

1. 公司概况

公司原名新疆工程建设监理公司，成立于1993年，原为自治区国有独资监理企业，1998年经建设部批准为甲级监理企业，是自治区最早取得甲级监理资质的企业之一，2001年9月通过ISO9002质量体系认证。公司为更好地适应建筑市场的发展，于2008年10月改制为新疆工程建设项目管理有限公司。

公司技术力量雄厚，建筑、结构、水暖、电气、设备、智能分部项等各专业人员齐全，从公司成立到现在，已成功监理服务区内有影响力的各类工业与民用建筑工程、道路和桥梁工程、市政工程等数百项；建安工程总建筑面积3000余万平方米，其中18层以上公共和住宅高层建筑270余项。公司自成立以来坚持优质专业的监理咨询服务，得到区内广大业主方广泛支持和认可，近年来多次荣获国家和自治区建筑工程领域的众多奖项，包括"詹天佑奖""国家优质工程奖""安装之星奖""天山奖""亚心杯"；2015年荣获"亚心杯"四项、"天山奖"二项、优质结构工程奖五项。2016年荣获"亚心杯"五项、"天山奖"六项。2017年荣获自治区唯一一项国家优质工程奖、"天山奖"六项。2018年荣获市政金杯奖三项、安全文明标准化工地九项、"詹天佑奖"一项、"安装之星奖"一项、优质结构奖20项。2019年荣获"亚心杯"一项、安全文明标准化工地七项。2018—2019年度乌鲁木齐市监理企业诚信综合评价名列前三名。自治区建设厅、乌鲁木齐市建委等建设行政主管部门多次下文对公司进行通报表彰。

2. 公司人员状况

公司目前在册人数582人，监理专业人员560余人、注册监理工程师85人、注册造价工程师2人、注册安全工程师2人、注册一级建造师6人、注册二级建造师37人，其中高级工程师68人、工程师291人、助理工程师116人。所属专业监理工程师均有在建安单位和建筑业企业从事三年以上相关专业的工作实践经历。既有理论知识，又有实践经验，均参加过住建部和自治区建设厅组织的监理工程师培训和安全监理上岗培训，并持证上岗，各专业配套，年龄结构合理。公司注重提高监理人员素质，并随时可以组成适应各类工程特点的项目监理机构。

3. 监理技术装备

公司自成立以来，为保证监理质量和监理效果，加强监理力度，非常重视自身硬件检测设备的添置和积累。公司为各项目配备技术标准、规范、检验、检测工具、计算机设备等，保证在施工阶段监理过程中旁站监理、现场测量、试验的需求，从而实现监理工作目标。

为满足监理服务，使现场检测具备科学性、可靠性，公司与新疆建筑工程质量检测中心等多家检测机构，签订检测、试验合作协议，以满足现场取样检测工作，保证了监理工作的科学、公正。

4. 公司管理情况

公司设总经理一名，下设三名副总经理，分管技术、经营、生产工作，另管理体系配置市场经营部、总工办、项目执行管理部、监察部、财务部和综合办六个职能部门。近年来公司在注重企业创新发展的同时，加强公司内部管理，公司根据组织机构的设置和ISO9001：2000标准要求，于2001年首次通过了ISO9001：2000国家质量体系认证，在2013年通过ISO14001环境管理体系认证及OHSMS职业健康安全管理体系认证，建立了一整套完善的监理服务质量体系运行机制。

我们清楚地看到，在目前社会主义市场经济的大潮中，一个监理咨询企业要使自己拥有市场、更好的创新发展，首先要具备一支高素质、懂管理、有技术的强有力的队伍，工作踏实、勤奋、务实，刻苦钻研技术，通过不断的学习，来提高监理人员的专业工作水平；更需以市场发展需求为导向，以监理咨询服务创新发展为定位，以规范化的管理和服务实现项目整体目标来赢得业主的信任，得到社会各方的认可。

公司将严格监理、热情服务、监帮结合，保证实现监理合同约定的各项工作目标，不断提高监理业务水平，不负业主重托，为建立具有公信力的品牌监理企业而努力，使企业在激烈的市场竞争中得到稳步前进、健康的发展。

地　址：新疆乌鲁木齐市新市区北京北路汇轩大厦10楼
邮　编：830000
电　话：0991-8869011；13999947387；13999108912
联系人：解振学、顾友文